갈릴레오 총서 22

REAL
SIZE

실물 크기로 보는
고생물도감

중생대
편

츠치야 켄 지음

김소연 옮김 | **이융남** 감수

영림카디널

들어가며, 그리고 이 책을 즐기는 방법

고생물의 크기를 '숫자'가 아닌 '감각'으로 전하고 싶다. 《실물 크기로 보는 고생물도감》 시리즈는 이런 발상에서 시작되었다. 다양한 시대의 다양한 고생물을 현대의 (친숙한) 풍경에 배치해 여러분이 크기를 느끼고 즐길 수 있도록 하는 게 이 책의 목적이다.

이 책은 2018년 7월에 출간된 〈고생대 편〉을 잇는 두 번째의 후속작이다. 그런데 '두 번째'라고는 하지만 각 권은 독립된 내용으로 이루어져 있다. 이는 곧 공룡을 더 좋아하는 독자는 이 책부터 읽어도 좋다는 뜻이다. 이 책만으로도 충분히 즐길 수 있는 사양으로 제작했으니 안심해도 되며, 생명의 역사를 통해 고생물의 크기가 어떻게 달라져왔는지를 알고 싶은 독자는 〈고생대 편〉도 참고하기를 추천한다. 조금 더 긴 시간을 살펴봄으로써, 고생물들의 크기가 어떻게 변화해왔는지를 나름 실감할 수 있을 것이다.

자, 이제 〈중생대 편〉을 살펴보자.

중생대… 즉, '공룡시대'다. 이 책에는 수많은 공룡이 등장한다. '역시 공룡은 엄청 크구나.' '응? 이렇게 작은 공룡도 있었나?' 하는 느낌으로 다양한 크기의 공룡들을 만나는 재미를 즐기시기 바란다. 하지만 공룡이 얼마나 큰지는 박물관이나 기획전, 영화를 통해 이미 잘 알고 있다고 생각하는 독자도 적지 않을 것 같다. 그런 분들도 안심하시기를. 이 책에 수록된 고생물이 공룡만 있는 건 아니다. 익룡, 어룡, 수장룡, 모사사우루스 등의 '이궁형 파충류'는 물론 악어와 악어의 친척인 위악류, 암모나이트류 그리고 포유류도 등장한다. 다양한 고생물을 출연시킨 결과… 〈고생대 편〉보다 48쪽이나 많아졌다. 그만큼 더욱 재미가 있으면 하는 바람이다.

이 시리즈는 내가 쓴 '고생물 미스터리' 시리즈와 〈고생대 편〉에서도 많은 도움을 주신 군마현립 자연사박물관 여러분께서 감수를 맡아주었다. 감사의 말씀 전한다. 일러스트는 하토리 마사토 씨의 작품이다. 디자인은 '고생물 미스터리' 시리즈의 WSB inc. 요코야마 아키히코 씨, 편집은 기술평론사의 오쿠라 세이지 씨가 수고해 주었다.

〈중생대 편〉에서도 현대의 풍경으로 흘러들어온 고생물의 크기를 마음껏 느끼고 즐기시기 바란다. 다만, 고생물의 크기는 화석과 화석을 분석한 자료를 근거로 산출한 것이며 실제로는 자료에 따라 차이가 있다. 이 책에서는 그런 자료들 가운데 '대표적인 크기'라고 판단할 수 있는 것을 기준으로 삼았다. 생물에는 '개체의 차이'가 있을 수밖에 없다. 때문에 엄밀하게 말해 '크기에 관한 자료'는 아니다. 이 정도 크기였구나 하고 가늠할 수 있는 정도의 자료랄까. 해설 원고도 다소(?) 재미있게 쓰려고 노력했다. 또한 118점에 이르는 '현대 일러스트' 가운데 30점은 주인공인 고생물 외에 다른 페이지의 고생물이 '같은 비율로 축소'된 형태로 슬쩍 등장한다. 어떤 고생물이 어디에 숨어 있는지 앞뒤 페이지를 넘겨가며 비교해보는 것도 흥미로울 것이다.

그리고 전편에 걸쳐 고생물을 현대 풍경에 배치해서 수생동물인지 육상동물인지 등을 가려내는 제약에서 어느 정도 자유로워지려고 했다. 예를 들면 실제로는 수생 고생물이지만 육상 풍경을 배경으로 포즈를 취하고 있기도 하니 잘 살펴보기 바란다. 또한 정확한 생태와 관련해서는 '○○○기의 바다'처럼 (간략히) 생태를 알 수 있는 장면을 일러스트로 준비했으니 참고하면 좋을 것 같다.

편하게 고생물의 크기를 느껴볼 수 있는 시리즈 2탄. 이번에도 여유롭게 즐거주시기를 바란다. 이 책을 읽는 당신에게 감사의 인사를 전한다. 즐거운 시간이 되기를 바라며.

츠치야 켄

| 차례 |

트라이아스기   Triassic period

트라이아스기 Triassic period

'**중생대** (中生代, Mesozoic era)'는 '공룡의 시대'로 유명하다. 하지만 실제로 '여러분에게 익숙한 박력 넘치는 공룡들'이 대거 출현한 것은 중생대의 두 번째 시기인 쥐라기부터이다. 중생대 초기인 트라이아스기에는 아직 공룡이 그렇게 많지 않았고 몸집도 크지 않았다.

트라이아스기가 시작되기 직전에 사상 최대, 전무후무한 대멸종 사건이 발생했다. 트라이아스기의 생태계는 이 대멸종 사건으로부터 회복되는 형태로 이루어져 갔다. 어느 정도 회복되었는지 추측할 수 있는 척도는 대량의 포식자···. 소위 말하는 '상위 포식자'의 등장이다. 대멸종 후, 어떤 상위 포식자가 출현했을까. 이것이 트라이아스기의 동물을 관전하는 포인트 중 하나다.

또한, 대멸종 전에는 단궁류(單弓類)라 불리는 생명체가 육지를 석권하고 있었는데 이 단궁류가 대멸종 후에 어떻게 되었는지, 그들의 크기가 어떻게 변했는지도 주목해보자.

리스트로사우루스

【*Lystrosaurus murrayi*】

트라이아스기의 육지

분류	단궁류, 수궁류
산출지	남아메리카, 인도
전체 길이	1m 전후

트라이아스기
약 2억 5,200만 년 전~약 2억 100만 년 전

앞면　　　　　옆면

날씨가 참 좋다. 이런 날에는 밖에서 여유롭게 낮잠을 자고 싶어진다. 음악을 들으며 쉬고 있는데 리스트로사우루스 무라이아이(*Lystrosaurus murrayi*)가 느릿느릿 다가왔다. 그리고 볕 좋은 곳에 앉아 꾸벅꾸벅 졸기 시작한다.

통통하고 땅딸막한 몸. 짧은 네 다리, 짤막한 주둥이. 긴 엄니가 있기는 하지만 날카롭지는 않다. 왠지 애교가 많을 것 같은 동물이다.

현실 세계에서 리스트로사우루스는 많은 '의미'를 지닌 중요한 종으로 유명하다.

예를 들어 녀석의 화석이 나온 곳에서 리스트로사우루스라는 이름(속명[屬名])을 갖는 동물 여러 종이 보고되어 있다. 하지만 그중 리스트로사우루스 무라이아이의 경우만 봐도 화석은 남아메리카와 인도라는 상당히 멀리 떨어진 지역에서 발견되고 있다. 리스트로사우루스속(屬) 전체로는 남극 대륙이나 중국, 러시아 등지에서도 화석이 발견된다.

이 광범위한 분포는 과거 이 대륙들이 한 덩어리였음을 말해 준다(아무리 생각해도 리스트로사우루스가 장거리를 헤엄쳐서 각 대륙으로 이동했을 것 같지는 않다). 이 한 덩어리의 대륙은 '초대륙 판게아(Pangaea)'라 불린다. 즉, 리스트로사우루스는 초대륙 판게아가 존재했음을 말해주는 '증거'라고 생각해도 좋다.

또한, 리스트로사우루스 속은 고생대 페름기(Pe-rmian Period) 말에 발생했던 사상 최대의 대멸종에서도 살아남았다. 어떻게 살아남을 수 있었는지는 아직 밝혀지지 않았다.

트리아도바트라쿠스

【*Triadobatrachus massinoti*】

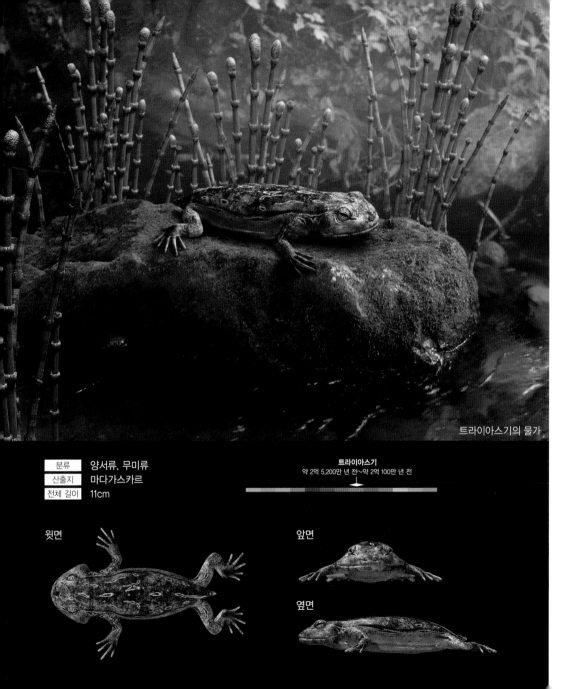

트라이아스기의 물가

분류	양서류, 무미류
산출지	마다가스카르
전체 길이	11cm

트라이아스기
약 2억 5,200만 년 전~약 2억 100만 년 전

윗면

앞면

옆면

개구리가 고양이와 대치하고 있다.

음…, 개구리다. 틀림없는 개구리다. 커다란 황소 개구리만한데….

그런데 어딘가 다르다!

뭐가 다른지 눈치 챘는가?

우리도 고양이와 함께 찬찬히 이 개구리를 관찰해보자.

차이는 두 가지.

첫 번째 차이는 뒷다리다. 일반적인 개구리는 앞다리에 비해 뒷다리가 길다. 그 긴 뒷다리를 이용해 폴짝폴짝 뛰어다닌다. 하지만 이 개구리의 뒷다리 길이는 앞다리와 별 차이가 없다.

그리고 자세히 보면 작은 꼬리가 보인다. 이것이 두 번째 차이점이다. 우리가 아는 개구리는 꼬리가 없다. 때문에 개구리 종류를 '무미류(無尾類)'라고 한다. 하지만 이 개구리는 작지만 분명히 꼬리가 있다.

이 녀석이 정말 개구리일까?

물론 개구리다. 이름은 트라이아도바트라쿠스 마시노트아이(*Triadobatrachus massinoti*). 지금까지 보고된 바에 따르면 트라이아스기 전기에 출현했다고 한다. 현재로서는 '가장 오래된 개구리'로 알려져 있다.

초기의 개구리는 뒷자리가 짧고, 작지만 꼬리가 있었다. 오늘날의 개구리처럼 폴짝폴짝 뛰어다니는 못했던 것 같다.

우타츠사우루스

【*Utatsusaurus hataii*】

트라이아스기의 바다

트라이아스기
약 2억 5,200만 년 전~약 2억 100만 년 전

윗면

앞면

옆면

소녀가 편안하게 몸을 의지하고 있는 이 동물은 돌고래…가 아니다. 녀석은 우타츠사우루스 히타이아이(*Utatsusaurus hataii*)라고 한다.

우타츠사우루스는 어룡류(魚龍類)의 일종인데, 어룡류는 '용(龍)'이라는 글자가 붙기는 하지만 공룡류와는 전혀 다른 동물군이다.

그럼에도 불구하고 진화의 결과, 다른 동물군의 모습을 닮는 경우가 있다. 이런 현상을 '수렴진화(收斂進化)'라고 한다.

그런데 우타츠사우루스는 일본의 미야기현(宮城県) 산리쿠초(南三陸町)의 예전 우타츠초(歌津町)에서 화석이 발견된 것으로 유명하다. 우타츠사우루스의 '우타츠' 역시 이 지방의 이름에서 따왔다. 일본식 이름으로 '우타츠 어룡'이라 불리기도 한다.

우타츠사우루스의 화석은 중생대 트라이아스기 전기인 약 2억 4,800만 년 된 지층에서 발견되었다.

지금까지 밝혀진 바로는 트라이아스기 바로 이전 지질시대인 고생대 페름기 말에 사상 최대라 불리는 대멸종이 일어났고, 이 와중에 특히 수많은 해양 생물군이 사라졌다. 이 대멸종을 거쳐 생태계가 회복되는 과정에서 출현한 대형 해양 동물 중 하나가 어룡류이다. 우타츠사우루스는 그중에서도 이른 시기에 등장한 종이다.

이 시기의 어룡류는 몸체가 길쭉하고 꼬리도 덜 발달해 장어처럼 헤엄쳤을 것으로 추측된다.

탈라토아르콘

【*Thalattoarchon saurophagis*】

분류	파충류, 어룡류
산출지	미국
전체 길이	8.6m

트라이아스기
약 2억 5,200만 년 전~약 2억 100만 년 전

옆면

앞면

트라이아스기의 바다

　침몰선을 조사하고 있는데 낯선 동물이 헤엄쳐 왔다. 날카롭고 커다란 이빨, 단단한 턱, 유선형의 몸체…. 물고기치고는 어딘가 이상하다. 하지만 찬찬히 관찰하고 있을 시간은 없다. 보아하니 상위 포식자의 면모다. 지금 당장 공격할 것 같지는 않지만 자극하지 않으면서 배 쪽으로 대피하는 게 좋겠다.

　이 동물의 이름은 탈라토아르콘 사우로파기스 (*Thalattoarchon saurophagis*). 어룡류이다.

　지금까지 어룡류는 중생대에 등장해 번성하다 멸종한 '3대 해양 파충류' 중 하나로 알려져 있다(나머지는 수장룡류[首長龍類]와 모사사우루스류). 어룡류는 세 종류 중에서도 가장 빠른 시기에 출현해 중생대 말의 대멸종이 일어나기 전에 멸종했다.

　탈라토아르콘의 화석은 약 2억 4,500만 년 전 트라이아스기 전기 지층에서 발견되었다. 그런데 '약 2억 4,500만 년 전'이라는 이 연대에는 큰 의미가 있다. 트라이아스기 바로 앞 시대에 해당하는 고생대 페름기 말에 전무후무한 대멸종이 일어나 해양 생태계는 파멸에 가까운 피해를 입었다. 이것이 2억 5,200만 년 전의 일이다. 이후 700만 년이 채 지나지 않아 탈라토아르콘과 같은 상위 포식자가 출현했다. 상위 포식자의 등장은 생태계의 완전한 회복을 시사한다고 이해할 수 있다. 즉, 사상 최대의 대멸종 사건을 겪더라도 생태계는 700만 년이면 회복될 수 있다는 뜻이다(이 시간이 길다거나 짧다는 논쟁은 있지만).

15

플라코두스

【*Placodus gigas*】

트라이아스기
약 2억 5,200만 년 전~약 2억 100만 년 전

옆면

앞면

트라이아스기의 바다

남극의 바닷가에서 바캉스를 즐기고 있는데 어쩐지 낯선 동물이 다가왔다. 공격을 할 것 같지는 않길래 뭐 별문제 없겠지, 하고 다시 여름의 태양을 즐기기로 한다.

여성은 완전히 안심하고 있는 것 같은데 과연 이 동물은 정말로 '안전'할까?

뚱뚱한 몸체에 이빨은 눈에 띄게 입 밖으로 돌출되어 있다. 녀석의 정체는 대체 뭘까?

이 동물의 이름은 플라코두스 기가스(Placodus gigas)이다.

안심하고 있던 여성은 알아챘을 것이다. 그녀의 대응법은 옳았다. 플라코두스는 흔히 말하는 '육식성 사냥꾼'이 아니다. 조개류를 주식으로 삼았던 것으로 추측된다. 돌출된 앞니는 바닷속 조개껍데기 따위를 쪼아 먹기에 안성맞춤이다. 이 사진에서는 확인하기 어렵지만 입속에는 찌그러진 만두처럼 생긴 평평한 이빨이 있어 조개껍데기 같은 것을 쉽게 부술 수 있었다(식성에 관해서는 다른 설도 있다). 긴

꼬리도 특징 중 하나인데 수중에서의 추진력은 이 꼬리에서 나왔을 것으로 추정된다.

플라코두스는 플라코돈트류(또는 판치류[板齒類])라는 그룹에 속하고 이 그룹의 대표적인 종이다. 특징은 입속의 평평한 이빨. 지금까지 보고된 바에 따르면 플라코돈트류는 트라이아스기 중반에 지중해에서 등장했다. 유럽에서 여러 종의 화석이 보고되고 있는 것으로 보아 플라코두스가 속한 그룹은 어느 정도 번영을 누린 듯하다.

키아모두스

【*Cyamodus hildegardis*】

트라이아스기의 바다

분류	파충류, 플라코돈트류
산출지	스위스, 이탈리아
전체 길이	1m 전후

트라이아스기
약 2억 5,200만 년 전~약 2억 100만 년 전

윗면

옆면

앞면

낮은 밥상. 밥상을 둘러싸듯 놓인 방석. 물론 밥은 밥통에…. 정겨운 옛날 풍경이다.

응? 옛날 풍경?

너무나 자연스러워서 놓칠 뻔했다. 방석 위에 뭔가가 있는데!

평평한 몸은…, 이건 등딱지인가? 등딱지라면 혹시 거북 종류?

아니, 녀석은 키아모두스 힐데가르디스(*Cyamo-dus hildegardis*)이다. 거북 종류가 아니다. 16쪽에서 소개한 플라코두스, 44쪽에서 소개할 헤노두스와 같은 플라코돈트류에 속하는 동물이다.

키아모두스는 평평한 등딱지가 있다. 그리고… 눈치 챘는지 모르겠지만 등딱지가 위, 아래 두 장으로 나뉘어 있다. 몸통과 허리 부분에 각각 등딱지가 발달해 있는 것이다.

거북류를 포함해 동서고금의 여러 동물이 등딱지 혹은 그와 유사한 구조를 가지고 있다. 하지만 위, 아래로 두 장의 등딱지를 갖는 종은 상당히 드물다.

자, 이 키아모두스는 대체 어디에서 나타났을까? 저녁 밥상 냄새에 이끌렸을까? 된장국에 미역 반찬 정도라면 그럴 수도 있겠다… 싶었는데, 된장국은커녕 미역도 없는 것 같다.

"잠깐만 기다려. 얼른 부엌에 가서 뭘 좀 가져올게."

19

아토포덴타투스

【*Atopodentatus unicus*】

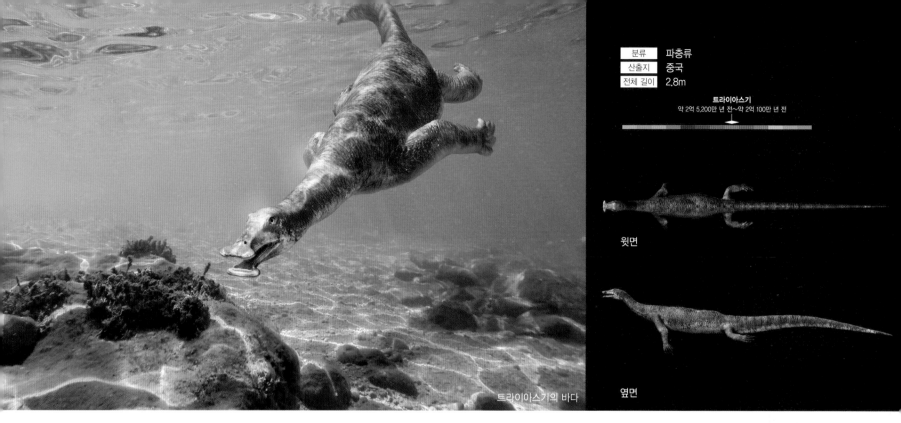

윗면

옆면

트라이아스기의 바다

반려동물을 키우고 있거나 키운 경험이 있는 사람이라면 바닥에 먹이를 쏟은 경험이 여러 번 있을 것이다. 그 순간 반려동물의 긴장감은 본능적으로 치솟아 당신이 그 먹이를 치우기 전에 조금이라도 먹어치우려 한다. 당신이 빠를까, 반려동물이 빠를까? 승부의 갈림길에는 반려동물의 공복 상태 정도와 훈련 등 여러 요인이 얽혀 있다.

이 가정에서도 아까 아이가 반려동물의 사료 봉지를 쏟고 말았다. 마룻바닥으로 쏟아지는 사료를 치우기 위해 엄마가 선택한 도구는 진공청소기라는 문명의 이기이다. 반려동물인 아토포덴타투스 우니쿠스(*Atopodentatus unicus*)는 눈앞에서 청소기로 빨려 들어가는 자신의 먹이를 아쉬운 눈빛으로 바라보고 있다. 몇 알 먹다가 엄마한테 야단을 맞고, 지금은 그저 바라만 볼 뿐이다….

보고된 바에 따르면 아토포덴타투스는 중생대 트라이아스기 중기(의 다소 초기)에 서식했던 해양 파충류이다. 가장 큰 특징은 입 끝이 청소기의 노즐처럼 옆으로 납작하고, 거기에 조각칼 같은 형태의 작은 이빨이 한 줄로 나 있는 점이다. 이 이빨을 능숙하게 사용해 바닷속 밑바닥에 달라붙은 해조류 등을 뿌리째 뽑아 먹었던 것으로 추정된다.

해양 파충류는 중생대가 시작되기 전, 고생대의 페름기에 이미 등장한 상태였다. 하지만 현재까지 연구된 바로는 아토포덴타투스가 식물을 먹는 가장 오래된 파충류로 알려져 있다.

21

아리조나사우루스

【*Arizonasaurus babbitti*】

트라이아스기의 육지

분류	파충류
산출지	미국
전체 길이	2.8m

트라이아스기
약 2억 5,200만 년 전~약 2억 100만 년 전

앞면　　　　옆면

초원에 텐트를 치고 엄마와 아이가 행복하게 책을 읽고 있다. 해가 저물어 어둑어둑한 벌판에서 텐트와 손전등 빛으로 책을 읽다니, 얼마나 낭만적인 모습인가. 엄마와 아들의 대화에도 꽃이 피겠지.

둘의 대화가 무척이나 즐거워 보였는지 자기도 끼워 달라는 듯, 지금 한 마리의 파충류가 텐트 뒤쪽에서 다가오고 있다.

이 파충류는 언뜻 보면 공룡처럼 보일지도 모르겠으나 공룡은 아니다. '위악류(僞顎類)'라는 그룹의 일원으로 공룡류보다는 악어류에 가까운 동물이다. 이름은 아리조나사우루스 바비트아이(*Arizona-saurus babbitti*).

아리조나사우루스의 특징은 등에 있는 돛처럼 생긴 구조물이다. 이 돛은 등뼈에서 위로 솟은 납작한 돌기들을 피부가 팽팽하게 감싼 모양을 하고 있다. 등뼈에서 납작한 돌기가 솟는 이런 특징은 훗날 등장하는 공룡, 스피노사우루스와 같다(168쪽 참조).

돛이 어떤 역할을 했는지는 알려져 있지 않다. 이성에게 매력적으로 보이기 위해 사용됐을 수도 있고, 위협할 때 사용됐을지도 모른다. 그저 근육의 일부였을 가능성도 있다. 모든 것은 앞으로의 발견과 연구에 따라 밝혀질 것이다.

아리조나사우루스는 날카로운 이빨을 가졌고, 지금까지 보고된 바에 따르면 트라이아스기 중기에 애리조나 주(미국)에서 생태계의 정점에 군림했을 거라는 의견도 있다. 만약 실제로 야외에서 맞닥뜨린다면…. 얼른 그 자리를 벗어나는 게 좋다.

23

스링가사우루스

【*Shringasaurus indicus*】

트라이아스기의 육지

분류	파충류
산출지	인도
전체 길이	3.6m

트라이아스기
약 2억 5,200만 년 전~약 2억 100만 년 전

윗면

앞면   옆면

밭을 갈 때 소의 힘을 빌리는 지역이 적지 않다. 인도의 어떤 지방에서는 소가 일할 때 스링가사우루스 인디쿠스(*Shringasaurus indicus*)를 나란히 걷게 하는 경우가 많다고 한다. 함께 걸게 하면 소가 더 열심히 일할 의욕이 생겨 혼자일 때보다 효율적으로 밭을 갈아주기 때문일 것 같다.

스링가사우루스의 특징은 다소 긴 목에 달린 머리인데, 두 개의 뿔이 앞을 향해 쑥 돌출되어 있다. 이런 모습은 왠지 공룡류(특히 각룡류[246쪽의 트리케라톱스 등을 참조])를 떠오르게 한다. 하지만 스링가사우루스는 공룡류와는 관계없는 파충류다. 초식성이며 뿔은 같은 종끼리의 싸움(예를 들면 암컷을 놓고 수컷끼리 싸우는 경우)을 위해 사용되었을 것으로 추정된다. 참고로 스링가사우루스의 '스링가(shringa)'는 산스크리트어의 '뿔'에서 왔다. 물론 이 머리 모양과 관련된 이름이다.

지금까지 보고된 바에 따르면 스링가사우루스는 트라이아스기 전기에 인도에서 출현했다. 알려진 바대로 당시에는 아직 공룡류는 등장하지 않은 것으로 추정되고 있다. 그런 세계에서 스링가사우루스 같은 파충류가 존재했다는 것은 당시의 파충류가 얼마나 다양했는지를 말해주는 한 예라고 할 수 있다.

혹시 몰라서 말하는데, 유감스럽게도(?) 지금 인도를 방문해도 소와 함께 걷는 스링가사우루스를 보기는… 어려울 것이다.

에레트모리피스
【*Eretmorhipis carrolldongi*】

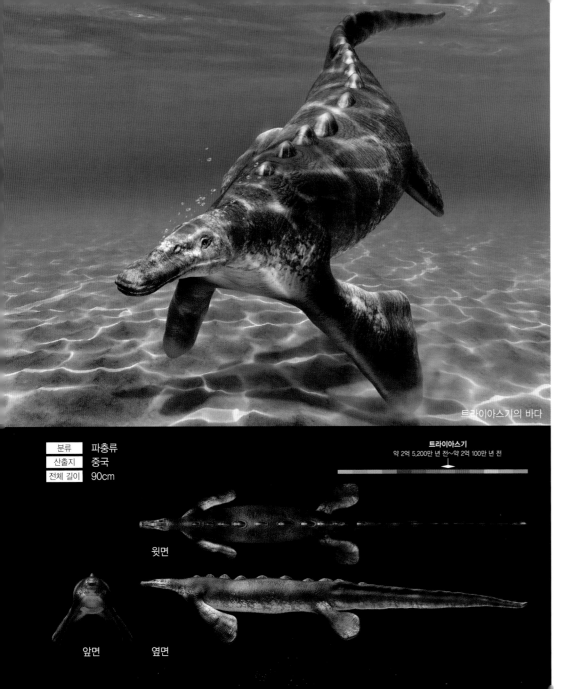

트라이아스기의 바다

분류	파충류
산출지	중국
전체 길이	90cm

트라이아스기
약 2억 5,200만 년 전~약 2억 100만 년 전

윗면

앞면   옆면

"이상하게 생긴 게 잡혔어!"

어부가 들어 올린 것은 분명 '이상하게 생긴 생물체'였다.

네 개의 다리는 커다란 지느러미 모양. 등에는 일렬로 혹이 나 있고 입은 납작하다. 이 납작한 주둥이, 어디선가 본 것 같은데…. 아! 오리너구리 주둥이랑 닮았구나.

어부가 들고 있는 이 동물의 이름은 에레트모리피스 카롤동아이(*Eretmorhipis carrolldongi*). 얼굴은 오리너구리처럼 생겼지만 파충류이다.

에레트모리피스의 특징은 오리너구리처럼 생긴 주둥이 말고도 하나 더 있다. 몸체에 비해 눈이 작다는 점이다. 시력이 그다지 중요하지 않은 환경, 아마 빛의 양이 적은 해저에 살았든가 아니면 야행성이었을 것으로 추정된다. 그런 의미에서 초저녁에 에레트모리피스가 잡혔다는 건 드문 일인지도 모른다. 또한 에레트모리피스는 시력이 약한 대신 주둥이의 감각을 이용해 생활했을 것으로 추정된다. 이 동물에게는 주둥이의 촉각이 주변을 감지하는 수단이었던 것 같다.

지금까지 보고된 바에 따르면 에레트모리피스는 트라이아스기 전기 말(약 2억 4,800만 년 전)에 중국에서 살았다. 고생대 페름기 말에 있었던, 전무후무한 대멸종 사건으로부터 고작 400만~500만 년 후의 일이다. 그런 세상에서도 해양 파충류는 이미 다양성을 얻었고, 주로 감각을 이용해 사는 에레트모리피스 같은 종류도 등장했던 것이다.

타니스트로페우스

【*Tanystropheus longobardicus*】

트라이아스기의 바다

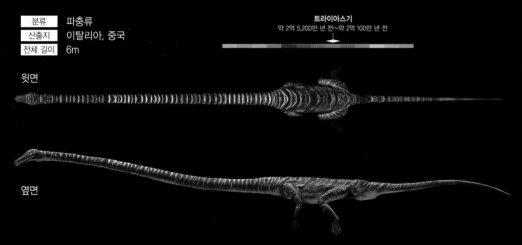

분류	파충류
산출지	이탈리아, 중국
전체 길이	6m

트라이아스기
약 2억 5,200만 년 전~약 2억 100만 년 전

윗면

옆면

낚싯대가 즐비하게 늘어선 바닷가에서 바다를 응시하고 있는 목이 긴 동물이 있다.

"앗, 공룡이다!"

이런 생각이 드는 것도 무리는 아닐지 모른다. 하지만 이 동물은 공룡이 아니다.

"그럼, 수장룡(首長龍)이다!"

이것도 틀렸다. 수장룡도 아니다. 이 동물의 이름은 타니스트로페우스 롱고바르디쿠스(*Tanystropheus longobardicus*)다. 공룡시대의 여명기를 살았던 파충류로 해변 혹은 바닷속에서 생활한 것으로 추정된다.

타니스트로페우스의 긴 목은 몸 전체 길이의 절반을 차지한다. '긴 목'이라는 공통점 때문에 '공룡'이나 '수장룡'을 떠올린 독자도 있을 것이다.

하지만 타니스트로페우스의 목은 공룡이나 수장룡의 목과는 결정적인 차이가 있었다. 공룡이나 수장룡의 목은 목을 형성하는 뼈(경추)의 수가 많다. 예를 들어 104쪽의 마멘키사우루스의 경추는 19개로 알려져 있고, 수장룡류는 70개가 넘는 경우도 있다. 타니스트로페우스는 10개에 불과하다. 하나하나의 경추가 길다.

그건 그렇고 타니스트로페우스의 긴 목은 어떤 역할을 했을까?

이 의문에 대해서는 아직 '유력'하다고 할만한 가설이 발표되지 않은 상태이다.

케이코우사우루스

【Keichousaurus hui】

트라이아스기의 바다

분류	파충류, 기룡류
산출지	중국
전체 길이	30cm

트라이아스기
약 2억 5,200만 년 전~약 2억 100만 년 전

윗면

옆면

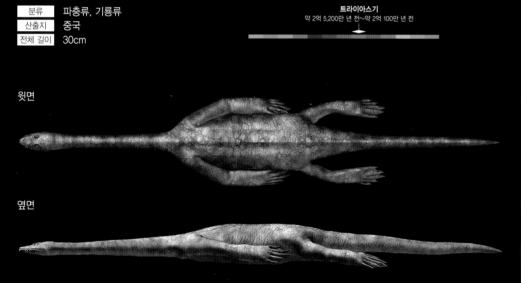

케이코우사우루스 후아이(*Keichousaurus hui*)와 함께 온천에 들어갈 때는 몇 가지 주의해야 할 점이 있다.

우선, 바가지를 준비한다. 이 바가지에 물을 채우고 그 안에 케이코우사우루스를 넣은 다음 욕탕으로 데려가자. 물은 조금 미지근해도 괜찮지만 절대로 욕탕의 물처럼 땀이 날 정도의 온도는 되지 않도록 한다. 손가락으로 자주 온도를 확인하고 '피부 온도보다 높구나' 싶으면 찬물을 보충해주자.

케이코우사우루스는 노토사우루스(32쪽)나 융구이사우루스(34쪽)와 가까운 수생 파충류이다. 노토사우루스나 융구이사우루스와는 달리 대부분의 개체는 30cm 미만으로 몸집이 작다. 하지만 '몸에 비해 목이 길다'는 특징은 같다. 짤막한 네 발에는 확실한 발가락뼈가 있어 융구이사우루스나 훗날의 수장룡류에서 볼 수 있는 지느러미발이 아니었다. 하지만 네 다리는 중력을 거슬러 지상에서 자신의 무게를 지탱하기에는 연약했다. 부력이 없는 세상에서는 살 수 없었을 것이다.

한편, 케이코우사우루스는 임신한 개체(태내에 태아를 품고 있는 개체)가 발견된 것으로도 유명하다. 따라서 태생이라는 사실이 분명하다. 이런 '직접 증거'가 확인된 고생물은 결코 많지 않다. 수생 파충류의 생태를 추측하는 데도 귀중한 종이다. 같이 욕탕에 들어갈 때는 반드시 주의사항을 명심하도록.

노토사우루스

【*Nothosaurus giganteus*】

트라이아스기의 바다

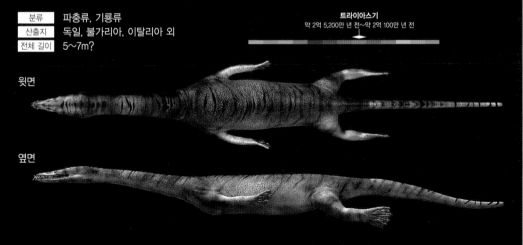

분류	파충류, 기룡류
산출지	독일, 불가리아, 이탈리아 외
전체 길이	5~7m?

트라이아스기
약 2억 5,200만 년 전~약 2억 100만 년 전

윗면

옆면

다이빙을 하고 있는데 커다란 동물이 느긋하게 옆으로 다가온다. 기다란 목…. 이것이 소문으로만 듣던 수장룡류인가…?

아니, 틀렸다. 이 동물은 수장룡류가 아니다. 둘 다 기룡류(鰭龍類)라는 그룹에 속하기는 하지만 더 '원시적인 존재'로 알려져 있다. 이름은 노토사우루스 기간테우스(*Nothosaurus giganteus*). 수장룡류와는 달리 네 다리는 지느러미형이 아니고 물갈퀴가 있는 정도였던 것으로 추정된다.

지금까지 보고된 바에 따르면 노토사우루스속(屬)은 트라이아스기의 바다에서 크게 번성한 파충류로 알려져 있다. 화석은 독일, 이탈리아와 같은 유럽을 비롯해 이스라엘, 사우디아라비아, 중국 등 광범위한 지역에서 발견되고 있다. 노토사우루스속은 10종 이상이 보고되어 있으며 그중에서도 독일에서 화석이 발견되는 노토사우루스 기간테우스는 머리뼈가 약 60cm 정도에 달하는 것으로 유명하다. 몸 전체 길이는 5~7m에 이를 것으로 추측된다. 노토사우루스속 중에서는 최대급이며 이와 비슷한 종으로는 현재 중국에서 화석이 발견되고 있는 노토사우루스 장아이(*Nothosaurus zhangi*) 정도밖에 없다. 노토사우루스속의 다른 종은 전체 길이가 3~4m인 것이 많다.

트라이아스기의 해양 세계에서는 몸의 길이가 5m가 넘으면 상당한 대형종이다. 노토사우루스 기간테우스나 노토사우루스 장아이는 해양 생태계의 상위에 군림했던 것으로 추정된다.

융구이사우루스

【*Yunguisaurus liae*】

분류	파충류, 기룡류
산출지	중국
전체 길이	4m

트라이아스기
약 2억 5,200만 년 전~약 2억 100만 년 전

윗면

옆면

언제부터인지 수족관이나 동물원에서는 '개성'이 중요해졌다. 동물들을 단지 수조나 울타리 안에 넣어두는 것만으로는 관람객이 늘지 않아 독자적인 해결 방법을 찾을 수밖에 없게 되었다.

어떤 수족관에서는 적극적으로 수생 고생물을 사육하고 있다. 뿐만 아니라 이런 고생물을 훈련시켜 쇼를 하게 하고 체험 코너를 마련해 큰 화제를 불러일으키고 있다.

지금 이 수족관이 힘을 쏟고 있는 것은 융구이사

우루스 리아에(*Yunguisaurus liae*)의 '하이파이브 이벤트'다. 융구이사우루스는 수장룡은 아니지만 수장룡과 가깝다고 여겨지는 파충류의 일종인데, 가까운 종에는 케이코우사우루스(30쪽)와 노토사우루스(32쪽)가 있으나 이 두 종과 가장 크게 다른 점은 네 발이 지느러미 형태라는 것이다.

수족관이 밀고 있는 이 개체는 성격이 온순한 데다 사람을 잘 따르고 훈련에 대한 이해도 빠르다. 오늘은 어린이들을 초대해 '하이파이브 이벤트'의 사

전 오프닝 체험 행사를 했다. 이 행사의 성공 여부는 어린이들의 표정만 봐도 알 것 같지 않은가. 수족관의 새 인기 스타가 데뷔하는 순간이다.

그런데 이런 수족관이 현실에는 존재하지 않으니 참고하시기를. 멀지 않은 장래에 이런 광경이 눈앞에 펼쳐질지 어떨지는 미지수지만 지금으로서는 이처럼 즐거운 수족관은 없을 것이다.

게로토락스

【*Gerrothorax pulcherrimus*】

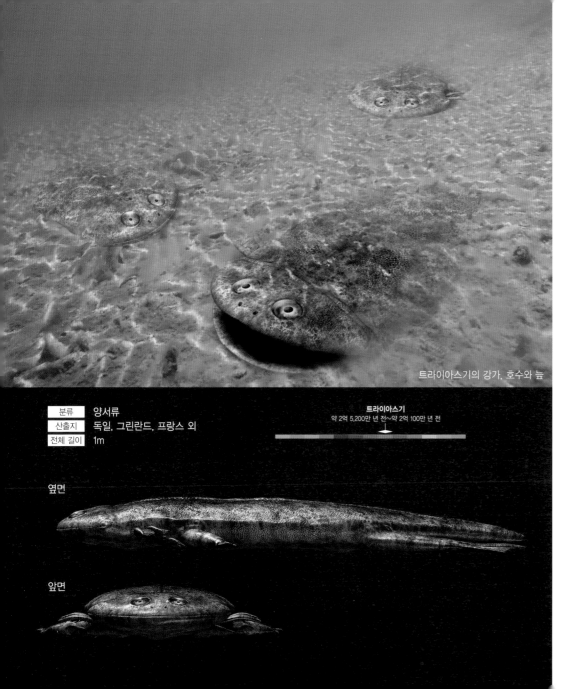

트라이아스기의 강가, 호수와 늪

분류	양서류
산출지	독일, 그린란드, 프랑스 외
전체 길이	1m

트라이아스기
약 2억 5,200만 년 전~약 2억 100만 년 전

옆면

앞면

"이거, 기내 반입에 문제없는 거죠?"

"네. 여기 허가증 있어요."

"알겠습니다. 모쪼록 소란 일으키지 않도록 주의 부탁드립니다."

공항 수하물 검사장에서 이런 대화가 있었다든 가….

트레이 위에 몸을 쭉 뻗고 누워 있는 이 동물의 이름은 게로토락스 풀케리무스(*Gerrothorax pulcherrimus*)이다. 머리와 몸통이 넓적하고 평평하며 작은 다리가 특징인 양서류이다.

지금까지 보고된 바에 따르면 게로토락스는 트라이아스기 후기에 살았던 수생동물로, 물속 바닥이나 때로는 진흙 속에 숨어 생활했을 것으로 추정된다.

어떤 연구에 따르면 이 동물은 위턱을 50도까지 벌릴 수 있었다고 한다. 가만히 움직이지 않고 바닥에 숨어 있다가 위로 지나가는 물고기를 덥석 잡아먹었을 것이다. 그러니 만약 공항에서 만나더라도 손은 내밀지 않는 게 좋을 것 같다.

그리고 이런 '개폐 기능'은 식사뿐만 아니라 물밑 바닥으로 숨을 때도 도움이 되었을 것으로 추정된다. 여러 가지로 편리한 커다란 입이다.

유감스럽게도 역사 속의 게로토락스는 육상에서는 살 수 없었던 듯, 물이 모두 말라버린 곳에서 집단으로 죽은 화석이 발견되고 있다. 아무튼 어떤 허가증을 가지고 있든 이렇게 살갗이 훤히 드러난 채로 기내에 반입해서는 안 될 것이다(미끈거리기도 하고…).

샤로빕테릭스

【Sharovipteryx mirabilis】

트라이아스기의 육지

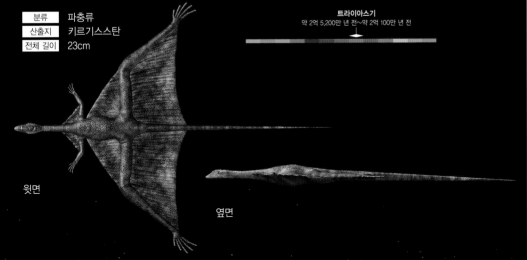

분류	파충류
산출지	키르기스스탄
전체 길이	23cm

트라이아스기
약 2억 5,200만 년 전~약 2억 100만 년 전

윗면

옆면

"여기, 여기! 힘내!"

여성을 따르는 것처럼 '뭔가'가 미끄러지듯 활공하고 있다.

눈길을 끄는 것은 '날개'. 새처럼 깃털로 덮인 날개가 아니고 박쥐나 익룡처럼 피막(被膜)으로 된 날개다. 그것이 '뒷다리'에 붙어 있다.

새든 박쥐든 익룡이든 날개는 '팔(앞다리)'에 붙어 있다. 새와 박쥐는 팔로 날개를 지탱하고, 익룡의 경우는 팔의 피막 외에 뒷다리에서 꼬리가 시작되는 부분까지 이어진(추정) 피막도 있으나…, 뒷다리 쪽 날개가 더 넓은 경우는 없다.

날개가 뒷다리에 있는, 이 보기 드문 동물의 이름은 샤로빕테릭스 미라빌리스(*Sharovipteryx mirabilis*)다. '*mirabilis*'는 '놀라운'이라는 뜻이다. 뒤에도 이 이름을 갖는 진귀한 동물을 수록했으니 꼭 확인하시기를.

자, 현실적인 문제로 돌아와보자. 샤로빕테릭스의 비행 능력에 관해서는 의문의 눈초리도 있다. 뒷날개만으로 제대로 균형을 잡을 수 있겠냐는 것이다. 사실 샤로빕테릭스에게는 뒷날개뿐만 아니라 겨드랑이부터 팔꿈치에 걸쳐 작은 날개가 있었다는 주장도 있다. 단, 이 날개만으로는 안정된 비행을 하기에는 충분치 않았을 것으로 보이며, 이론상(화석에서는 어떤 증거도 확인되지 않았다)으로 작은 앞날개가 있었던 것으로 추정하는 게 아닐까 생각된다.

팝포켈리스

【*Pappochelys rosinae*】

트라이아스기의 물가

분류	파충류
산출지	독일
전체 길이	20cm

트라이아스기
약 2억 5,200만 년 전~약 2억 100만 년 전

윗면

앞면　　　옆면

나도 뭘 좀 마시고 싶은데….

컵 옆에 뜨거운 눈빛을 보내고 있는 동물이 있다. 언뜻 도마뱀 같지만 자세히 보면 몸통이 약간 넓다.

마실 것을 보채고 있는 녀석의 이름은 팝포켈리스 로시나에(*Pappochelys rosinae*). 거북류의 조상에 가까운 것으로 여겨지는 파충류다.

고생물학에서 거북류의 초기 진화는 풀리지 않고 있는 수수께끼 중 하나다. 등딱지가 자신의 몸을 지켜 방어용으로 특화된 파충류 그룹이 어떻게 진화해 탄생하게 되었는지는 자세히 알려진 바가 없다. 분명한 것은 아마 트라이아스기 중에 거북류가 출현한 게 아닌가 하는 정도다. 이 책에서도 뒤에서 트라이아스기의 몇몇 거북류를 다루고 있다.

지금까지 보고된 바에 따르면 팝포켈리스는 약 2억 4,000만 년 전, 트라이아스기 중기에 독일에서 서식했다. 아직 거북류는 아니었고, 거북류에 가깝다고 할 수 있었다. 거북류의 특징인 이빨 없는 주둥이와 등딱지는 확인할 수 없지만 배 쪽에 갈비뼈가 발달한 '복갑(腹甲)'이 있었다. 등 쪽에는 갑옷(배갑[背甲]) 혹은 그와 비슷한 게 발달하지 않았다.

지금까지 알려진 정보로는 팝포켈리스 이후, 에오린코켈리스(46쪽), 오돈토켈리스(48쪽), 그리고 프로가노켈리스(56쪽) 등 거북류를 향한 진화는 계속되었다. 트라이아스기의 특징으로 재미있게 눈여겨보아주기 바란다.

참, 아까부터 팝포켈리스가 마실 걸 보채고 있었지? 얼른 물부터 줘야겠다.

마스토돈사우루스

【*Mastodonsaurus giganteus*】

트라이아스기의 강가, 호수와 늪

분류	양서류, 분추류
산출지	독일
전체 길이	6m

트라이아스기
약 2억 5,200만 년 전~약 2억 100만 년 전

윗면

옆면

오랜만에 비가 내린 다음 날은 흙탕물 때문에 차가 더러워진다. 세차를 하고 싶다. 하지만 셀프 세차를 하기에는 시간이 없다. 그럴 때는 기계를 이용하자. 그런데 세차장에 도착해보니 먼저 온 손님이 있다.

손님은 머리 길이만 해도 1m가 넘고, 전체 길이는 6m에 달할 것으로 추정되는 양서류로 이름은 마스토돈사우루스 기간테우스(*Mastodonsaurus giganteus*)다. 이 책의 전편인 〈고생대 편〉을 갖고 계신 독자는 184쪽의 에리옵스를 참고하기 바란다. 마스토돈사우루스와 에리옵스는 같은 분추류(分椎類)라는 양서류 그룹에 속한다. 에리옵스도 대형종이었지만 마스토돈사우루스에 비하면 귀여워 보일 정도다. 아무튼 마스토돈사우루스는 분추류 중에서도 초대형종으로 전체 길이는 에리옵스의 3배나 된다.

에리옵스가 그랬던 것처럼 마스토돈사우루스도 생태계의 최상층에 군림하는 포식자였던 것 같다. 굵고 커다란 이빨로 탈출하려 몸부림치는 포획물을 꼼짝 못하게 했을 것으로 보인다.

지금까지 보고된 바에 따르면 마스토돈사우루스는 완전한 수생동물이었다고 한다. 갸름하고 평평한 머리에 달린 눈은 오늘날의 악어처럼 수면 위 상황을 살피는 데 최적화된 것일지 모른다. 또한 분추류라는 양서류 그룹은 이후로도 자손을 남기지만 백악기 전기에 이르러서는 완전히 멸종한 것으로 추정된다.

헤노두스

【Henodus chelyops】

트라이아스기의 기수역

분류	파충류, 판치류
산출지	독일
전체 길이	1m

트라이아스기
약 2억 5,200만 년 전~약 2억 100만 년 전

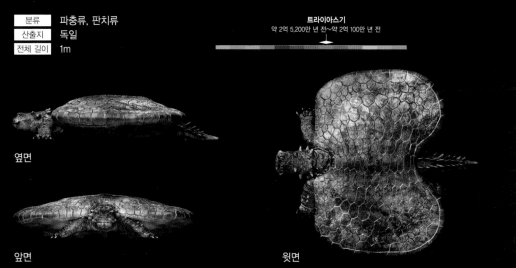

옆면

앞면

윗면

탁발을 다녀오는 길에 절 뒤편에 있는 연못에 들렀다. 징검다리 돌 하나가 스윽 움직인다.

응? 뭐지?

유심히 살펴보니 징검다리 돌이 아니다. 며칠 전 길을 잃고 헤매던 녀석을 주웠는데, 이름은 헤노두스 켈리옵스(*Henodus chelyops*)다. 밟지 않기를 잘했다.

헤노두스는 네모난 등딱지가 특징인 수생 파충류인데, 언뜻 거북류처럼 보일지도 모르지만 거북은 아니다. 16쪽에서 소개한 플라코두스와 같은 판치류의 일원이며, 그중 특수화된 예로 유명하다. 네모지고 평평한 형태의 등딱지는 물론 직사각형의 머리도 특이하다. 머리의 끝부분은 주둥이이고, 판치류 특유의 '갈아 으깨기에 특화된 평평한 이빨'도 거의 없다.

헤노두스는 초식이었을 것으로 추정된다. 이빨이 주둥이 앞쪽에 있는 아토포덴타투스와는 다른 방법으로 물밑 돌에 붙은 이끼 등을 뿌리째 뜯어먹었을지 모른다.

지금까지 보고된 바에 따르면 강어귀처럼 민물과 바닷물이 만나는 기수역(汽水域)에 서식한 것으로 보이는데, 이 또한 판치류로서는 드문 특징이다.

이런 가능성 저런 가능성을 생각하고 있는 사이, 헤노두스가 연못 구석으로 헤엄쳐 간다.

"그런데 얘야, 원래 있던 징검다리 돌은 어디에 됐니?"

에오린코켈리스

【*Eorhynchochelys sinensis*】

트라이아스기의 바다(?)

분류	파충류
산출지	중국
전체 길이	2.3m

트라이아스기
약 2억 5,200만 년 전~약 2억 100만 년 전

윗면

앞면 옆면

평일 낮 한적한 전철을 타면 다양한 것들을 만난다.

오늘 역시 에오린코켈리스 시넨시스(*Eorhyncho-chelys sinensis*)가 넓은 좌석에서 여유롭게 쉬고 있다. 차내가 혼잡하다면 그야말로 민폐겠지만 뭐 다른 승객은 보이지 않는다. 건드리지 않는 게 매너일 것 같다.

에오린코켈리스는 거북류는 아니지만 거북류의 조상에 가까운 것으로 여겨지는 파충류다. 40쪽에서 소개한 팝포켈리스보다는 진화했으며, 48쪽에서 소개할 오돈토켈리스보다는 원시적이라고 알려져 있다. 넓적한 갈비뼈는 있지만 등이나 배에도 거북의 상징인 등딱지가 없다.

에오린코켈리스의 '거북스러움'은 머리에 있다. 거북류처럼 입 끝 부분에 주둥이가 있었던 것이다. 그리고 입안에는 작은 이빨이 촘촘히 나 있었다. 이런 특징은 이 동물이 거북류 계보로 이어진다는 사실을 시사한다.

지금까지 보고된 바에 따르면 에오린코켈리스는 약 2억 2,800만 년 전 중국에서 살았다. 그 시대는 팝포켈리스보다는 1,200만 년 이상 훗날이고, 오돈토켈리스보다는 비슷하거나 조금 앞선다. 또한 에오린코켈리스가 물에서 살았는지 육지에서 살았는지는 아직 밝혀지지 않았다.

아, 곧 터미널 역이다. 아무리 한낮이라고는 하지만 새로 타는 승객도 있을 텐데. 이제 슬슬 깨워야겠지.

오돈토켈리스

【*Odontochelys semitestacea*】

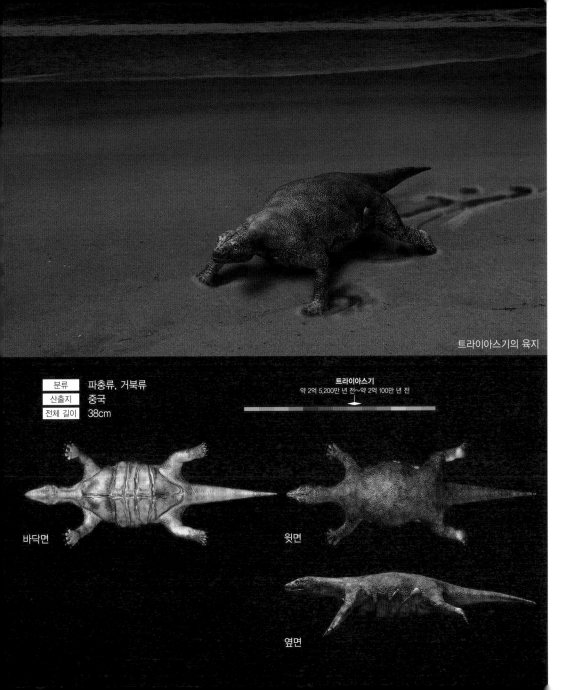

트라이아스기의 육지

분류	파충류, 거북류
산출지	중국
전체 길이	38cm

트라이아스기
약 2억 5,200만 년 전~약 2억 100만 년 전

바닥면

윗면

옆면

오늘의 야외학습은 수족관. 수족관은 오늘 하루 학교에서 대여했다. 학생들은 자기 마음에 드는 동물을 찾아서 관찰하기로 되어 있다.

한 소녀가 선택한 관찰 대상은 거북. 소녀는 허가를 받고 수조 앞에 자리를 잡고 앉아 스케치북을 꺼낸다. 그리고 일단은 찬찬히 거북을 관찰한다. 그런데 특이하게 생긴 거북 한 마리가 눈에 띄었다. 소녀의 시선은 그 거북에 꽂혔다. 오돈토켈리스 세미테스타케아(Odontochelys semitestacea)이다.

소녀가 뜨거운 시선을 보내고 있는 이유는 오돈토켈리스의 등 때문이다. 이 거북은 등딱지가 없다. 배 쪽에는 있는 것 같았다. 물론 머리나 다리를 등딱지 안으로 쏙 넣을 수는 없다.

지금까지 보고된 바에 따르면 오돈토켈리스는 '최초의 거북' 중 하나로 알려져 있다. 화석이 얕은 바다 해저에 쌓인 지층에서 발견되어 처음에는 수생동물로 발표되었다. 하지만 다리에 수생동물로서의 특징이 없는 점, 다른 '초기 거북'들이 모두 육생종(또는 육지종)이라는 점 때문에 오돈토켈리스가 수생인지 아닌지는 의문시되고 있다. 이 소녀가 뭔가 새로운 사실을 발견할지도 모르겠다.

사우로수쿠스

【*Saurosuchus galilei*】

트라이아스기의 육지

트라이아스기
약 2억 5,200만 년 전~약 2억 100만 년 전

윗면

앞면 　 옆면

백마가 주인을 기다리고 있는데 어딘가에서 박력 있는 파충류가 나타났다. 비늘, 얼굴 생김새는 악어를 떠올리게 하지만, 네 다리로 기어 다니는 악어와는 달리 이 파충류의 네 다리는 몸통 아래로 쭉 뻗어 있다. 그리고 악어처럼 머리가 평평한 게 아니라 오히려 티라노사우루스처럼 다부진 형태다. 한눈에 봐도 '무시무시한 부류'인 육식 동물이다.

키는 백마의 절반 정도지만 녀석의 박력에 백마는 자기도 모르게 고개를 돌리고 만다. 평소 조련을 잘한 덕인지, 아니면 두 마리가 함께 있어서 안심이 되는 건지, 주인을 두고 도망치지 않는 모습은 대단하거나 과연 백마답다고 해야 할 것 같다.

아무튼 여기까지 접근했다면 상대를 자극하지 않는 게 좋다. 주인이 돌아오기를 기다려 그의 판단에 따라야 할 것이다. 그때까지 참아야 한다.

백마에게 다가온 이 동물은 악어류와 가까운 위악류의 한 종류다. 이름은 사우로수쿠스 갈릴레아이(*Saurosuchus galilei*).

지금까지 보고된 바에 따르면 사우로수쿠스가 살았던 시대에 녀석들은 최고의 육상 육식동물이었다. 당시는 위악류의 전성기였고, 사우로수쿠스는 그 상징적인 존재로 유명하다.

지금은 사우로수쿠스가 말한테 시비를 걸 일은 없으므로 안심하고 마차 드라이브를 즐기시기를.

데스마토수쿠스

【*Desmatosuchus spurensis*】

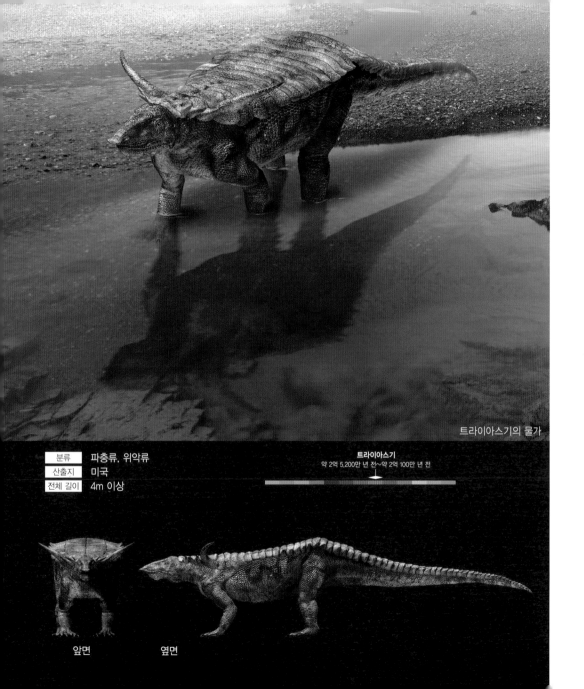

트라이아스기의 물가

분류	파충류, 위악류
산출지	미국
전체 길이	4m 이상

트라이아스기
약 2억 5,200만 년 전~약 2억 100만 년 전

앞면　　　옆면

화창한 날은 도시락을 들고 공원으로! 벤치에 앉아 도시락을 먹으려는데 테이블이 없어 애를 먹었던 적은 없는지?

바로 그럴 때 도움이 되는 것이 데스마토수쿠스 스프렌시스(*Desmatosuchus spurensis*)이다. 등이 평평한 이 위악류는 다리를 약간만 굽혀 주면 알맞은 테이블 높이가 된다. 초식이므로 사람이 잡아먹힐 염려는 없다. 살짝 찌그러진 느낌의 코는 애교스러워서 아이들에게 인기가 있다.

다만 조심해야 할 점은 목과 어깨, 몸통 아래부터 꼬리까지, 좌우로 가시가 있다는 사실. 특히 어깨 가시는 조심해야 한다.

위악류 중에 이런 '가시'로 무장을 한 종은 아주 드물다. 뒤에 등장하는 각룡류(角龍類)나 곡룡류(曲龍類)를 떠오르게 한다.

데스마토수쿠스는 위악류 중에서도 아에토사우루스(*Aetosaurus*)류라는 그룹으로 분류된다. 아에토사우루스류인 위악류는 몸집이 작아 대부분의 종은 전체 길이가 2m 이하다. 그런데 데스마토수쿠스는 4m가 넘어 '파격적인 크기'를 자랑한다.

데스마토수쿠스라는 이름(속명)을 갖는 종은 여럿 보고되고 있으나 분류 방법에는 의견이 엇갈리고 있다.

쇼니사우루스

【*Shonisaurus sikanniensis*】

트라이아스기의 바다

분류	파충류, 어룡류
산출지	미국
전체 길이	21m

트라이아스기
약 2억 5,200만 년 전~약 2억 100만 년 전

앞면　　　　　옆면

눈앞에서 박력 넘치는 장면이 펼쳐지고 있다.

해수면 가까이에 있던 혹등고래들이 급작스레 일제히 물속으로 잠수해 헤엄치기 시작했다.

이렇게 역동적인 장면과 조우하게 된 당신은 대단히 운이 좋은 사람이다. 고래들이 만들어내는 물의 흐름을 눈여겨보며 감상하기를.

응? 혹등고래들 틈에 엄청나게 큰 녀석이 하나 섞여 있다. 혹등고래와는 달리 주둥이가 가늘고 길다.

이 동물의 이름은 쇼니사우루스 시칸니엔시스 (*Shonisaurus sikanniensis*). 사상 최대급의 어룡류이다.

쇼니사우루스는 성장하면서 포식 방법을 바꾼 것으로 추정된다. 유체(幼体)에서는 이빨이 확인되는데 성체(成体)에는 없기 때문이다. 아마도 성장한 쇼니사우루스는 포획물을 '빨아들여'서 섭취했을 거라는 의견이 있다.

지금까지 보고된 바에 따르면 쇼니사우루스는 약 2억 1,700만 년 전~약 2억 1,600만 년 전의 트라이아스기 후기에 살았다. 우타츠사우루스(12쪽)로 대표되는 초기 어룡류의 출현으로부터 3,000만 년 정도 경과한 시기다. 즉 300만 년이라는 시간 동안 어룡류는 20m가 넘는 종까지 출현할 정도로 번성했던 것이다.

한편, 쇼니사우루스 시칸니엔시스는 어쩌면 쇼니사우루스속이 아닌 다른 속의 어룡류일 수도 있다는 견해도 있다.

프로가노켈리스

【*Proganochelys quenstedti*】

트라이아스기의 육지

분류	파충류, 거북류
산출지	독일
전체 길이	50cm

트라이아스기
약 2억 5,200만 년 전~약 2억 100만 년 전

윗면

앞면

옆면

코끼리거북에게 먹이를 주려는데 낯선 거북이 다가왔다. 크기는 코끼리거북의 절반 정도. 프로가노켈리스 켄스테트트아이(*Proganochelys quenstedti*)다.

코끼리거북뿐 아니라 대부분의 거북 등딱지는 비교적 곡선이 완만하다. 그런데 프로가노켈리스는 다르다. 울퉁불퉁 요철이 심하다.

등딱지뿐만 아니라 목과 꼬리에도 가시가 많아 전체적으로 울퉁불퉁한 느낌이 강하다. 언뜻 보면 이런 가시 덕에 '방어 기능'이 뛰어난 것처럼 보일지도 모르겠다. 하지만 프로가노켈리스는 이 가시 때문에 자신의 목이나 다리를 등딱지 안으로 넣지 못한다. 거북에게 최고의 방어 수단인 '등딱지 안으로 숨기'가 불가능한 것이다.

지금까지 보고된 바에 따르면 프로가노켈리스는 약 2억 1,000만 년 전 독일에서 살았다고 한다. 오돈토켈리스(48쪽 참조)보다 1,000만 년 정도 후이다.

프로가노켈리스의 화석은 1887년에 보고되었고, 이후 오랫동안 '가장 오래된 거북류'의 자리에 있었다. 수생동물로서의 요소는 전혀 없는 것으로 보아 육지 거북이었음이 분명하다. 때문에 '거북류의 역사는 육지 거북에서 시작한다'고 여겨져 왔다.

그런데 2008년에 오돈토켈리스가 보고되면서 이런 생각이 흔들렸고, 그 후 2015년에는 팝포켈리스(40쪽)도 보고되었다.

거북류의 초기 진화에 대한 토론은 지금도 뜨겁게 진행 중이다.

에우디모르포돈

【*Eudimorphodon ranzii*】

트라이아스기의 하늘

분류	파충류, 익룡류
산출지	이탈리아
전체 길이	1m

트라이아스기
약 2억 5,200만 년 전~약 2억 100만 년 전

윗면

옆면

비둘기가 모이는 광장.

문득 위를 올려다보니 비둘기보다 큰 날개를 가진 동물이 날고 있다.

날개는 깃털이 아니라 피막으로 되어 있고, 주둥이는 부리가 아니며, 작지만 날카로운 이빨이 있다. 그리고 긴 꼬리.

이 동물은 물론 비둘기가 아니다. 뿐만 아니라 조류도 아니다. 이름은 에우디모르포돈 란지아이 (*Eudimorphodon ranzii*). 익룡류이다.

보고된 바에 따르면 익룡류는 공룡류와 거의 비슷한 시기에 출현했다가 조류를 제외한 공룡류와 거의 같은 시기에 멸종한 파충류 그룹이다. 공룡류와 가깝지만 공룡류는 아니다.

흔히 '공룡시대'라 불리는 중생대에 익룡류는 조류와 함께 하늘을 제패한 존재였다. 하지만 그 역사는 조류보다 훨씬 더 오래다. 익룡류 중에서 에우디모르포돈는 특히 초기 종으로 알려져 있다.

익룡류는 이 책에서도 몇 번 등장하는데, 크기 비교는 물론이고 머리 크기, 꼬리 길이 등도 꼭 유심히 봐주기 바란다. 익룡류가 어떻게 진화했는지 알 수 있을 것이다.

그런데 현실 세계에서는 지구 어디를 가더라도, 비둘기 무리를 관찰해도, 익룡류가 섞여 있을 확률은 없다.

하지만… 혹시나 싶다면 앞으로 유심히 관찰해 보자. 깃털이 아니라 피막 날개인 녀석은 없는지 말이다.

에오랍
토르

【*Eoraptor lunensis*】

에오드로마에우스

【*Eodromaeus murphi*】

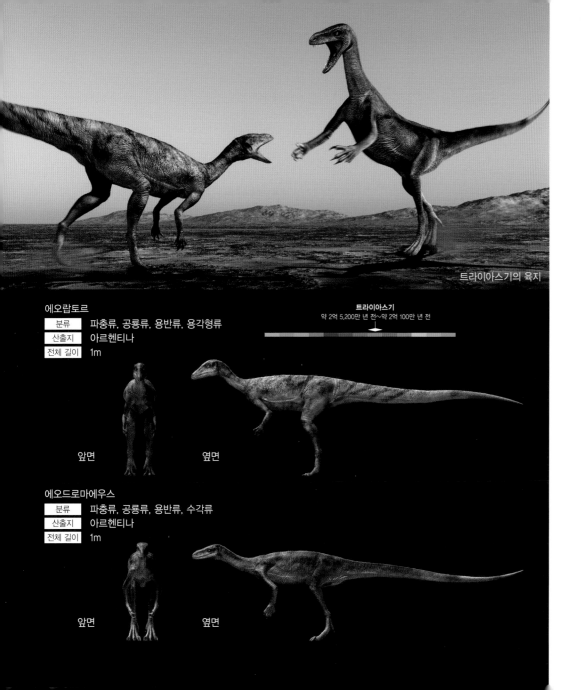

트라이아스기의 육지

에오랍토르

분류	파충류, 공룡류, 용반류, 용각형류
산출지	아르헨티나
전체 길이	1m

앞면　　　　　　　　옆면

에오드로마에우스

분류	파충류, 공룡류, 용반류, 수각류
산출지	아르헨티나
전체 길이	1m

앞면　　　　　　　　옆면

트라이아스기
약 2억 5,200만 년 전~약 2억 100만 년 전

　　계단에서 래브라도 리트리버가 쉬고 있는데 셔틀랜드 시프도그가 내려와 앉았다. 그러자 1층 복도 안쪽에서 공룡 한 마리가 천천히 걸어 나왔다. 이 공룡은 일부러 발소리를 낸다. 개 두 마리가 복도 쪽에 정신이 팔려 있는데 계단 위에서 또 다른 한 마리가 몰래 내려온다. 장난기 많은 공룡 콤비가 펼치는 일상의 한 장면이다. 다음 순간, 계단에서 내려온 공룡에 셔틀랜드가 놀래고, 그 셔틀랜드가 리트리버 위로 뛰어내리는… 대소동이 펼쳐진다.

　　복도 안쪽에서 등장한 공룡의 이름은 에오드로마에우스 무르피(*Eodromaeus murphi*), 계단에서 몰래 내려온 공룡은 에오랍토르 루넨시스(*Eoraptor lunensis*)다. 상당히 비슷하게 생긴 작은 공룡들이지만 에오드로마에우스는 수각류(獸脚類)에 속하는 초창기의 대표 공룡이고, 에오랍토르는 용각형류(龍脚形類) 초창기의 대표 공룡이다. 수각류에서는 훨씬 훗날 전체 길이가 12m인 티라노사우루스(248쪽)가 등장하고, 용각형류에서는 전체 길이 20m급의 초식 공룡이 줄줄이 출현한다. 둘 다 대형종을 탄생시킨 그룹이지만 초창기의 종은 이렇게나 작았다.

　　응? 그런데 누가 에오랍토르이고 누가 에오드로마에우스인지 모르겠다고? 좋은 질문이다. 실제로 초창기의 둘은 아주 많이 닮았다. 이 집에서도 둘의 이름을 부를 때 종종 헷갈린다는 얘기가 있다.

코엘로피시스

【*Coelophysis bauri*】

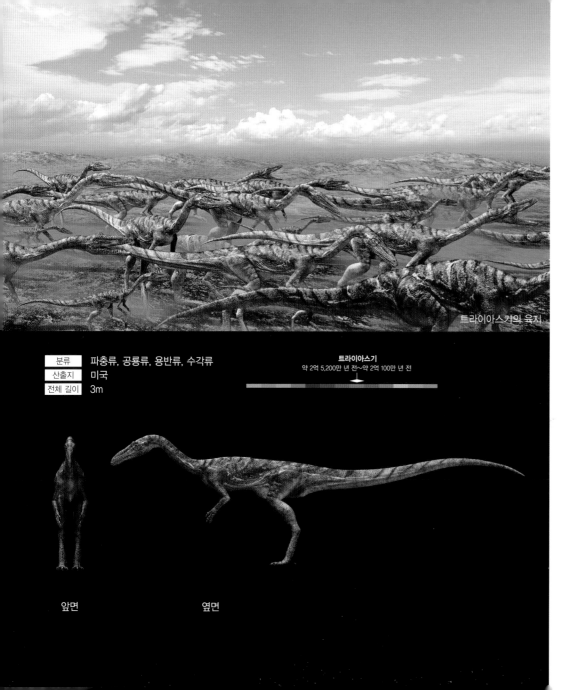

트라이아스기의 육지

분류	파충류, 공룡류, 용반류, 수각류
산출지	미국
전체 길이	3m

트라이아스기
약 2억 5,200만 년 전~약 2억 100만 년 전

앞면   옆면

미국의 어떤 지역에 있는 자전거 도로에 작은 명물이 있다. 2대 이상의 자전거로 달리고 있으면 어딘가에서 작은 공룡들이 나타나 즐거운 듯 나란히 달리는 것이다. 녀석들은 덮치는 일도 없고 주행을 방해하지도 않는다. 그저 달릴 뿐이다. 때로는 수십 마리, 수백 마리가 달린다고 한다. 오늘도 자전거를 탄 부부 옆을 코엘로피시스 바우르아이 (*Coelophysis bauri*)가 달리고 있다.

코엘로피시스가 이렇게 즐겁게 달리는 데는 이유가 있다. 원래 녀석들은 무리지어 다니는 걸 좋아한다. 성체, 준성체, 유체를 불문하고 수백 마리씩 무리를 짓는다. 코엘로피시스 자체의 전체 길이는 성체가 3m 정도. '3m'를 크다고 생각할지도 모르겠으나 이는 머리끝부터 꼬리 끝까지의 길이다. 허리 높이는 자전거와 별반 다르지 않다. 참고로 무게는 25kg 정도의 '경량급'으로 추정된다. 주행에 적합한 무게이다.

물론 (유감스럽게도) 현실 세계에 코엘로피시스와 함께 달릴 수 있는 자전거 도로 같은 건 없다. 다만 코엘로피시스는 실제로 수백 개체의 화석이 한정된 구획에서 발견되고 있다. 거기에는 성체, 준성체, 유체가 섞여 있는데, 이는 그들이 대규모로 무리지어 살았을 가능성을 시사한다. 한편, 홍수 같은 대사건으로 코엘로피시스의 사체가 한곳에 모였을 가능성도 있다. 결론은 아직 내려지지 않았다.

헤레라사우루스

【*Herrerasaurus ischigualastensis*】

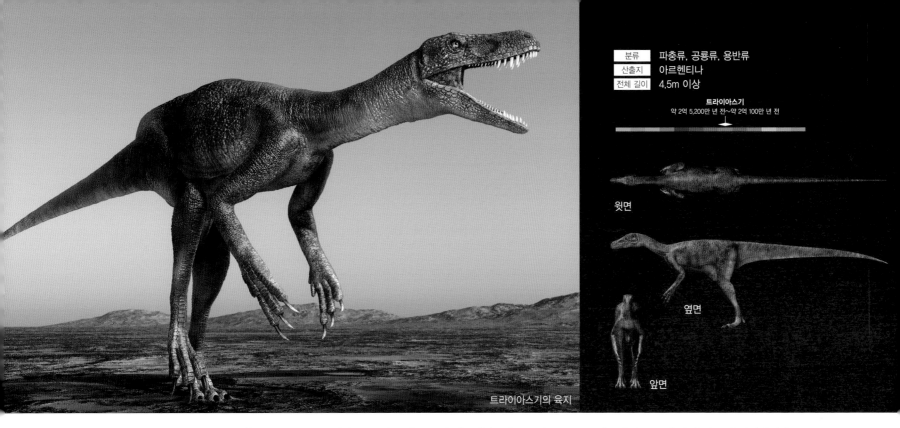

분류	파충류, 공룡류, 용반류
산출지	아르헨티나
전체 길이	4.5m 이상

트라이아스기
약 2억 5,200만 년 전~약 2억 100만 년 전

윗면

옆면

앞면

트라이아스기의 육지

한층 폭넓은 팬층을 확보하기 위해 축구에 '공룡류 참가'가 허가된 것은 그리 오래된 이야기가 아니다. 당시의 조건은 '사람을 덮치지 않고 규칙을 엄격히 지키도록 교육시킬 것', '트라이아스기의 공룡류에 한할 것'이었다.

첫 번째 조건은 당연히 규칙을 지키지 않으면 스포츠가 성립되지 않고, 공룡뿐 아니라 사람을 덮치는 동물은 뭐가 됐든 같은 공간에 있는 것만으로도 위험천만하다.

그런데 두 번째 조건은 무엇 때문일까? 이는 규칙을 정한 협회 고위층에 '초기의 공룡류는 소형종뿐'이라는 인식이 있어, '소형종이라면 시합에 영향을 미치지 않을 것'이라는 선입견이 있어서이다.

하지만 트라이아스기의 공룡류에는 헤레라사우루스 이치구알라스텐시스(*Herrerasaurus ischigual-astensis*)와 같은 꽤 덩치가 큰 종도 있었다. 전체 길이 4.5m 정도면 허리높이가 1m를 넘어 사람과도 충분히 경쟁할 수 있는 크기다.

지금까지 보고된 바에 따르면 헤레라사우루스는 에오랍토르 등과 같은 시기, 같은 지역에 서식했던 공룡으로 알려져 있고, 세부 분류를 놓고는 이견이 있는 것으로도 유명하다. 또한 4.5m라는 개체는 큰 편에 속하며 3m급의 개체도 있었던 것으로 추정되는데, 3m급 정도로는 사람의 힘에 밀려 파워 플레이에 적합하지 않을 수도 있다.

프렌구엘리사우루스

【*Frenguellisaurus ischigualastensis*】

분류	파충류, 공룡류, 용반류, 수각류
산출지	아르헨티나
전체 길이	7m

트라이아스기
약 2억 5,200만 년 전~약 2억 100만 년 전

윗면

옆면

앞면

트라이아스기의 육지

빨간 유니폼이 헤레라사우루스(64쪽 참조)라면 파란 유니폼은 프렌구엘리사우루스다. 트라이아스기의 수각류로는 유일하게 거대한 덩치를 자랑하는 프렌구엘리사우루스 이치구알라스텐시스(*Frenguellisaurus ischigualastensis*)를 골키퍼로 발탁한 것이다. 비교적 커다란 앞발이 골키퍼로 적합하다는 판단이었다.

폭 7.32m의 골문을 전체 길이 7m인 프렌구엘리사우루스가 지킨다면 철벽 수비가 될 것으로 생각했다. 골문 앞의 프리킥도 거뜬히 감당할 수 있다.

만약을 대비해 4명의 수비를 배치하고….

하지만 빨간 유니폼 팀의 4번 선수가 쏘아 올린 슛은 포물선을 그리며 무정하게도 프렌구엘리사우루스의 등 뒤로 넘어갔다.

경기 후, 역시 수비는 사람이 해야 한다는 불만도 나왔다는 것 같다.

지금까지 보고된 바에 따르면 프렌구엘리사우루스는 약 2억 2,300만 년 전에 출현한 수각류이다. 전체 길이 7m는 중생대의 수각류로서는 중형에 해당한다. 그래도 이보다 500만 년 전에 출현했던 '가장 오래된 수각류'인 에오드로마에우스(60쪽 참조)에 비하면 단기간에 대형화된 것인지도 모른다.

헤레라사우루스와 아주 흡사하며, 실제로 헤레라사우루스와 동종일 수도 있다는 의견이 예전부터 있었다. 어떻든 트라이아스기에 중형의 육식 공룡이 존재했다는 확실한 증거이며 공룡 세계의 기초가 완성 중임을 말해준다. 공룡과의 축구는 인공지능 로봇을 상대하기보다 어려울 것 같다.

파솔라수쿠스

【*Fasolasuchus tenax*】

트라이아스기의 육지

트라이아스기
약 2억 5,200만 년 전~약 2억 100만 년 전

앞면   옆면

작은 언덕 위의 멋진 주택, 흰 난간이 있는 계단과 아름다운 초록, 그리고 링컨 리무진. '유명인'을 떠오르게 하는 풍경이다. 그런데 리무진 너머로 뭔가 있는 걸 발견했는지?

이 동물의 이름은 파솔라수쿠스 테낙스(*Fasolasuchus tenax*)이다. 전체 길이가 리무진보다 조금 더 길고, 키도 조금 더 큰 위악류이다.

지금까지 보고된 바에 따르면 파솔라수쿠스는 트라이아스기 말기에 출현했다. 같은 그룹에 속하는 사우로수쿠스(50쪽)보다도 수천 만 년 후이다. 파솔라수쿠스는 부분 화석만 발견되었지만 그 화석으로 추측된 길이는 10m에 달한다. 이 시대의 육식동물로서는 최대급이다. 훗날 출현하는 공룡들과 비교해도 이 정도 크기의 육식동물은 흔치 않다.

크기뿐만이 아니다. 단단하고 커다란 머리뼈는 백악기의 티라노사우루스(248쪽 참조)를 연상시킨다. 티라노사우루스의 턱은 포획물을 뼈째 으깨 부술 수 있다. 파솔라수쿠스 턱의 씹는 힘은 정확히 알려지지는 않았지만 적어도 외관상으로는 상당한 파괴력이 있었음을 짐작하게 한다. 당시 최강의 사냥꾼이었을 가능성이 높다.

만약 파솔라수쿠스가 차 옆으로 온다면…. 당신이 차 안에 있다면 차에서 나오지 말고, 차 밖이라면 얼른 도망치기를 권한다.

레셈사우루스

【*Lessemsaurus sauropoides*】

트라이아스기의 육지

분류	파충류, 공룡류, 용반류, 용각형류
산출지	아르헨티나
전체 길이	9m? 또는 18m?

트라이아스기
약 2억 5,200만 년 전~약 2억 100만 년 전

옆면

만약 지금 당신이 있는 도로가 극심한 정체 상태라면 맨 앞에 용각형류가 있을 수 있다고 생각하자. 사고 때문이 아니라 어떤 의미로는 '자연 정체'인 것이다.

용각형류는 공룡류 중에서도 특히 거대한 종류가 속한 그룹이다. 긴 목과 꼬리가 트레이드마크이며 네 다리로 보행하고 식물을 먹는다. 레셈사우루스 사우로포이데스(*Lessemsaurus sauropoides*)는 용각형류치고는 소형이기는 하지만, 아무리 생각해도 이 몸집으로 빠를 것이라 기대하기는 어렵다. 고속도로처럼 '빼도 박도 못하는 도로'에 그들이 나타난다면 당연히 도로가 정체될 것이다. 도로의 정체에 초조해 한다면 조류를 제외한 공룡류와의 공생은 꿈도 꾸지 말아야 한다.

지금까지 보고된 바에 따르면 레셈사우루스는 트라이아스기 말기에 출현한 용각형류이다. 68쪽에서 소개한 파솔라수쿠스와 같은 시대, 같은 지역에 살았을 것으로 추정된다. 트라이아스기 말기의 공룡류는 나름 대형의 육식공룡과 초식공룡이 공존했다는 증거라고도 할 수 있다. 단, 레셈사우루스에 관해서는 부분 화석밖에 발견되지 않았기 때문에 전체 길이에 대해서는 자료에 따라 추정값이 크게 다르다. 18m라는 주장도 있다. 18m라면 다음 시대의 용각형류와 비교해도 손색없는 크기다. 9m라고 해도 트라이아스기에서 최고이다.

실제로 공룡류가 도로 정체의 원인이 될 일은 없을 것이다. 교통 정보를 주의 깊게 듣도록 하자.

리소비치아

【Lisowicia bojani】

분류	단궁류, 수궁류
산출지	폴란드
전체 길이	4.5m

트라이아스기
약 2억 5,200만 년 전~약 2억 100만 년 전

윗면

앞면　　　옆면

트라이아스기의 육지

"!?"

아프리카 코끼리 무리 속에 있는 낯선 동물을 발견했는가? 왼쪽에서 세 번째. 긴 엄니도 없고 커다란 귀도 없고, 긴 코도 없는 희한한 생물이 걷고 있다.

이건 뭐지?

이 동물의 이름은 리소비치아 보잔아이(*Lisowicia bojani*). 전체 길이 4.5m, 무게가 9t인 상당한 덩치의 보유자이다. 코끼리 무리에 어색하지 않게 섞여 있지만 리소비치아는 포유류가 아니라 포유류에 가까

운 그룹에 속한다. 이 책을 기준으로 말하면 8쪽에서 소개한 리스트로사우루스의 근연종(近緣種, 생물 분류상 가까운 관계에 있는 종-옮긴이)이다.

포유류와 멸종한 이 근연종 그룹은 '단궁류'라는 더 큰 그룹을 형성하고 있다. 보고된 바에 따르면 단궁류는 고생대 말기에 크게 번성했다. 이 책의 전편인 〈고생대 편〉을 가지고 있는 독자는 페름기를 펼쳐보기 바란다. 디메트로돈, 코틸로린쿠스, 에스테메노수쿠스, 이노스트란케비아, 디익토돈…. 이 모

두가 단궁류이다.

하지만 고생대 말에 발생한 대멸종으로 단궁류는 순식간에 쇠퇴했다. 중생대에 들어 이노스트란케비아 같은 대형 육식성 단궁류는 자취를 감추었고, 초식 대형종도 트라이아스기 후기의 리소비치아를 끝으로 사라졌다. 리소비치아급의 대형종이 다시 출현하기까지는 1억 5,000만 년 이상이라는 세월이 필요했다. 공룡류가 멸종한 다음의 일이다.

쿠에네오수쿠스

【*Kuehneosuchus latissimus*】

트라이아스기의 숲

분류	파충류
산출지	영국
전체 길이	70cm

트라이아스기
약 2억 5,200만 년 전~약 2억 100만 년 전

옆면

앞면

윗면

"자, 이제 날아가!"

석양이 지려는 그때, 언덕 위에서 소년이 쿠에네오수쿠스 라티시무스(*Kuehneosuchus latissimus*)를 높이 날렸다. 쿠에네오수쿠스는 네 다리를 활짝 펴고 '날개'를 펼쳐 필사적으로 바람을 받으려 한다. 쿠에네오수쿠스는 과연 숲으로 돌아갈 수 있을까?

쿠에네오수쿠스는 갈비뼈가 좌우로 뻗어 있고 그 사이사이로 피막이 발달해 날개가 되었다고 알려진 파충류 중 하나다. 지금까지 보고된 바에 따르면 중생대 트라이아스기에 서식했으며, 당시 비슷한 형태의 몇몇 파충류가 확인되었다. 이런 파충류는 '쿠에네오사우루스류'라 불리며 그 중에서 쿠에네오수쿠스는 특별히 더 큰 날개를 가졌던 것으로 알려져 있다.

쿠에네오수쿠스를 포함한 쿠에네오사우루스류는 혼자 힘만으로는 날 수 없었다. 기본적으로는 바람을 맞아 활공한 것으로 추정된다. 상당히 강한 바람이 필요했던 것 같다.

현실의 쿠에네오수쿠스에는 '화석 산지에 얽힌 수수께끼'가 있다. 쿠에네오수쿠스의 화석은 영국의 보스콤(셜록 홈즈 시리즈《보스콤 계곡의 비밀[The Boscombe Valley Mystery]》로 유명한 계곡)에서 산출된다. 여기서는 다수의 쿠에네오수쿠스는 화석이 발견되는데 다른 동물 화석은 일체 발견되지 않는다. 이 극단적인 편중의 이유는 아직 밝혀지지 않고 있다.

쥐라기 Jurassic period

드디어 '공룡의 시대'가 도래했다. 지금부터 본격적으로 공룡이 번성하기 시작한다. 거대한 육상동물들의 시대가 온 것이다.

트라이아스기에 번창했던 위악류는 트라이아스기 말기에 발생한 대멸종으로 그 수가 현격히 감소했다. 하지만 위악류 중에는 현재의 악어류로 이어지는 계보가 엄연히 남아있다. 공룡은 쇠퇴하는 위악류와 교대라도 하듯 등장했고, 특히 내륙지역에서 위세를 떨쳐나갔다. 이 시대에 세계 각지에는 10미터가 넘는 대형 육식 공룡, 30미터가 넘는 초식 공룡이 살았다.

물론 쥐라기의 생물이 위악류와 공룡류만 있었던 것은 아니다. 트라이아스기에 있었던 어룡류나 익룡류와 더불어 수장룡류도 본격적으로 번성하기 시작한다. 어류 중에서도 '사상 최대'라 불리는 종이 출현했다. 인간이 속해 있는 포유류도 등장해 조금씩 다양화되기 시작했다. 우리 조상들의 크기가 어느 정도였는지 꼭 확인하길 바란다.

프로토수쿠스

【*Protosuchus richardsoni*】

쥐라기의 육지

분류	파충류, 악어형류
산출지	미국
전체 길이	1m

쥐라기
약 2억 100만 년 전~약 1억 4,500만 년 전

윗면

앞면　　옆면

인파에서 조금 벗어난 장소는 예기치 못한 만남을 선사하기도 한다.

지금 꼬마 숙녀 사진작가는 다른 이들은 관심 없는 거리에서 행운의 기회를 포착했다. 프로토수쿠스 리카르드손아이(*Protosuchus richardsoni*)를 만난 것이다.

프로토수쿠스는 악어류는 아니지만 '광의의 악어'에 해당하는 '악어형류(鰐魚形類)'의 대표 종이다. 같은 부류의 그룹에서는 비교적 원시적인 존재로서 악어류와의 큰 차이점은 네 다리가 몸에 붙은 형태라는 것이다. 악어류는 다리가 옆으로 뻗어 있어 기듯이 걷는데, 프로토수쿠스는 네 다리가 몸통에서 땅을 향해 수직으로 뻗어 있다. 이런 형태는 악어보다는 사우로수쿠스(50쪽) 같은 위악류나 공룡류, 그리고 대부분의 포유류에 가깝다.

등의 생김새도 악어류와는 다르다. 악어류와 프로토수쿠스 모두 등을 보호하는 골격으로 '비늘골판(鱗板骨)'이라 불리는 작은 판을 가지고 있다. 단, 악어류의 비늘골판이 등에 6열로 배열된 데 반해 프로토수쿠스는 2열밖에 없었다. 비늘골판이 등 전체에서 차지하는 비율은 악어류나 프로토수쿠스 둘 다 별 차이가 없다. 따라서 프로토수쿠스의 몸은 비늘골판이 더 '분할'된 악어류보다 덜 유연했을 것이다.

현실 세계에서 아무리 외지고 힘한 곳에 가도 프로토수쿠스를 만날 수 없다는 건 유감이다.

모르가누코돈

【*Morganucodon watsoni*】

옆면

앞면

쥐라기의 육지

이불을 뒤집어쓰고 손전등을 비추며 책을 읽는다. 쉿, 어른들한테는 비밀. 아이들만의 비밀 공간은 설렘이 넘친다.

그때 당신 옆에 작은 동물이 있지 않았는지?

혹시 그 작은 동물이 모르가누코돈 와트손아이(Morganucodon watsoni)는 아니었는지? 언뜻 보면 쥐처럼 보이기도 하는 이 동물은 물론 쥐가 아니다. '가장 오래된 포유류'로 알려진 모르가누코돈류의 일종이다.

지금까지 보고된 바에 따르면 모르가누코돈류는 수궁류에 속하지만, 더 넓은 의미의 그룹인 포유형류(哺乳形類)에 속하는 존재다. 모르가누코돈이라는 속명을 갖는 종도 여럿 보고된 바 있고, 그중에는 트라이아스기 후기의 지층에서 화석이 산출된 것도 있다.

모르가누코돈속 전체를 보면 화석 산지도 영국 외에 중국이나 미국, 프랑스나 스위스 등 광범위하다. 트라이아스기 후기부터 쥐라기 전기는 아직 초

대륙 판게아의 영향이 남아 있는 시대이므로 동물들이 서로 연결된 대륙을 건너 전 세계로 퍼져나갈 수 있었을 것이다.

쥐처럼 보여도 설치류와는 조상이나 후손의 관계가 아니다. 하지만 모르가누코돈과 함께 '이불 속 비밀기지'에서 책을 읽은 경험이 있다면…, 그것은 평생 잊지 못할 기억이 될 것이다.

다르위놉테루스

【*Darwinopterus modularis*】

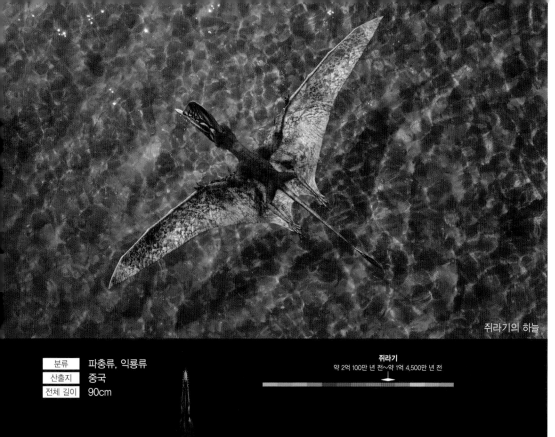

쥐라기의 하늘

분류	파충류, 익룡류
산출지	중국
전체 길이	90cm

쥐라기
약 2억 100만 년 전~약 1억 4,500만 년 전

윗면

옆면

갈라파고스 제도.

이 섬들을 방문했을 때 반드시 봐야 하는 동물은 코끼리거북, 이구아나, 그리고⋯ 익룡일 것이다.

그 익룡의 이름은 다르위놉테루스 모둘라리스 (Darwinopterus modularis). 갈라파고스 제도에 어울리는 익룡의 이름이다.

응?

어디가 이 섬들과 어울리냐고?

그야 갈라파고스 제도 하면 다윈. 다윈 하면 갈라파고스 제도. 영국의 생물학자 찰스 다윈은 이 섬들에서 자신이 본 것들로부터 진화론의 아이디어를 얻었다고 한다(자세한 것은《종의 기원》참조).

다르위놉테루스는 익룡 진화사의 중요 종이라서 바로 그 다윈의 이름을 달았다. 익룡류에서는 에우디모르포돈(58쪽)처럼 '머리가 작고 꼬리가 긴 종'이 초기에 등장했고, 이후 프테라노돈(190쪽)처럼 '머리가 크고 꼬리가 짧은 종'이 출현했다. 다르위놉테루스는 '머리가 크고 꼬리가 긴' 특징이 있고, 처음 출현한 종과 나중에 출현한 종을 '잇는' 존재이다. 마치 '진화의 연결고리'처럼 말이다.

참, 현실 세계에서는 실제로 갈라파고스 제도를 방문해도 다르위놉테루스를 만날 수는 없다. 다르위놉테루스의 화석은 중국에서 산출되고 있으니 유의하시기를.

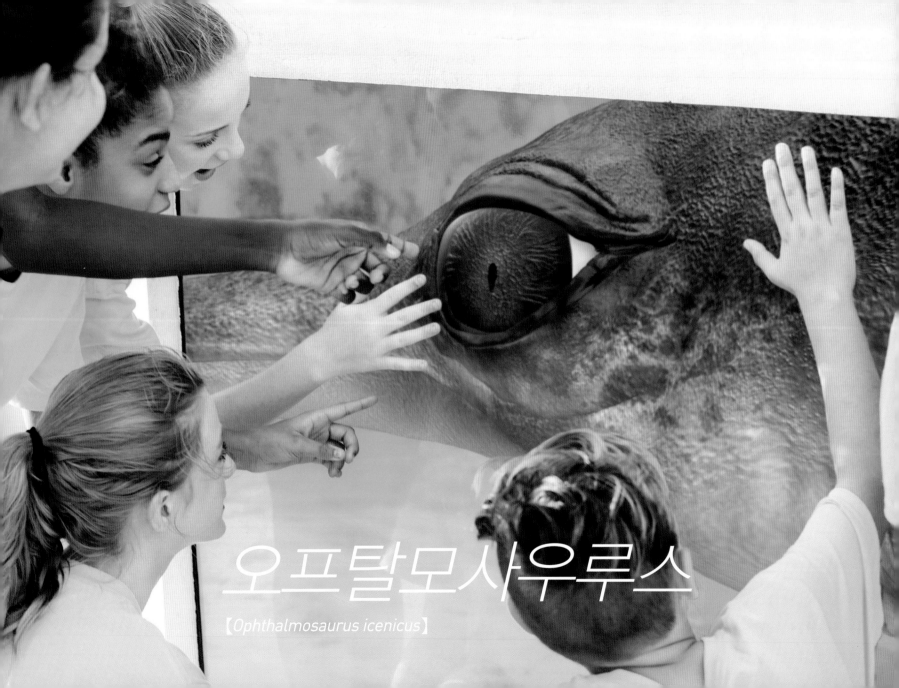

오프탈모사우루스

【*Ophthalmosaurus icenicus*】

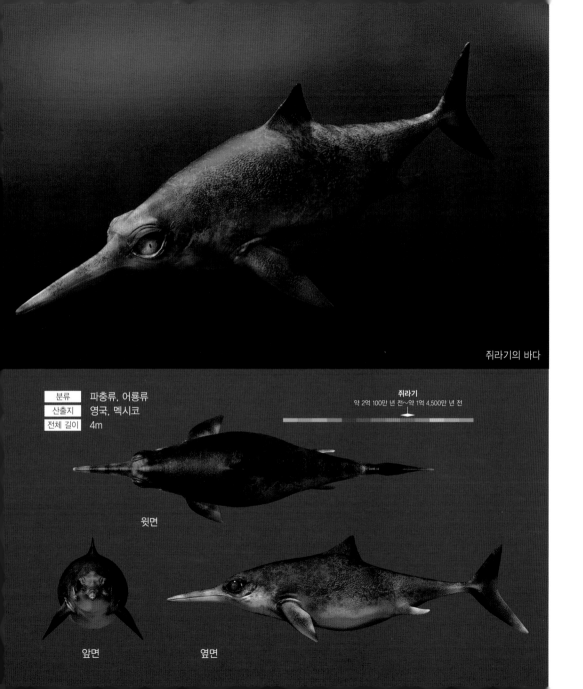

쥐라기의 바다

분류	파충류, 어룡류
산출지	영국, 멕시코
전체 길이	4m

쥐라기
약 2억 100만 년 전~약 1억 4,500만 년 전

윗면

앞면   옆면

"와, 저 큰 눈 좀 봐!"

아이들이 수조 앞으로 모여들었다. 눈 옆에 손을 대고 크기를 재는 아이도 있다. 이 수조는 인기 만점이다.

수조의 주인은 오프탈모사우루스 이케니쿠스(*Ophthalmosaurus icenicus*). 어룡류이다. '*Ophthalmo*'는 그리스어의 '눈'에서 왔다. 그 이름처럼 이어룡류는 눈이 크다. 지름이 20cm가 넘는다.

일반적으로 덩치가 큰 동물일수록 눈도 크다. 가장 대표적인 예가 전체 길이 25m인 대왕고래의 눈인데 지름이 15cm나 된다.

한편 오프탈모사우루스는 전체 길이가 4m 정도로 몸집이 작은 편이다. 대왕고래보다 훨씬 작다. 하지만 오프탈모사우루스의 눈은 대왕고래의 눈보다 지름이 1.7배, 넓이는 3배에 가깝다.

이 눈은 단순히 크기만 한 게 아니다. 성능도 좋다. 특히 어두운 환경에서 성능이 뛰어나 인간보다 훨씬 밤눈이 밝으며 포유류인 고양이와 맞먹는다. 이는 수심 500m 이상의 심해에서도 충분히 시계(視界)를 확보했다는 뜻이다.

그렇다고 현실 세계에 오프탈모사우루스의 눈이 화석으로 남아있는 것은 아니다. 눈을 보호하기 위한 '공막륜(鞏膜輪)'이라는 뼈가 화석으로 남아있어 이를 분석해 눈의 크기와 성능을 추측해본 것이다.

메트리오린쿠스

【*Metriorhynchus superciliosus*】

쥐라기의 바다

분류	파충류, 악어형류
산출지	영국, 프랑스
전체 길이	3m

쥐라기
약 2억 100만 년 전~약 1억 4,500만 년 전

윗면

앞면　　　옆면

어느 수족관에 소년의 마음을 사로잡는 동물이 있는 것 같다.

"응? 물고기인가? 아니, 악어?"

이상하다 여기면서도 눈을 뗄 수가 없다. 소년이 넋을 놓고 보고 있는 이 동물은 주둥이가 좁고 길쭉하며 네 발은 지느러미 모양이고, 꼬리에는 초승달 모양의 지느러미가 있다.

악어처럼 생겼지만 엘리게이터나 크로커다일, 가비알은 모두 네 발에 확실하게 발가락이 있고 꼬리에는 지느러미가 없다.

수조 속에 있는 이 동물의 이름은 메트리오린쿠스 수페르킬리오수스(*Metriorhynchus superciliosus*). 넓은 의미의 악어에 해당하는 '악어형류'의 일원이다.

좁고 길쭉한 주둥이, 지느러미 다리, 꼬리지느러미… 이것들은 모두 수생 적응의 증거다. 그리고 등에 비늘골판(일반적인 악어류의 등에 있는 거칠거칠한 비늘)이 없는 것을 보아 이 동물이 어느 정도 물에 적응했는지를 알 수 있다. 본래 비늘골판은 몸을 지키는 데 도움이 되는 '갑옷'이다. 하지만 그만큼 몸이 '단단해져서' 움직임을 억제한다.

비늘골판이 없다는 것은 방어 성능은 저하되지만 몸을 유연하게 움직일 수 있었음을 의미한다. 수영을 하기 위해서는 중요한 특징이다. 물살이에 완전히 적응한 악어가 곧 메트리오린쿠스였던 것이다. 지금은 물가의 왕자인 악어. 과거에는 그 세력이 이렇게 물속까지 미쳤던 역사가 있다.

구안롱
【Guanlong wucaii】

쥐라기의 숲

분류	파충류, 공룡류, 용반류, 수각류, 티라노사우루스류
산출지	중국
전체 길이	3.5m

쥐라기
약 2억 100만 년 전~약 1억 4,500만 년 전

앞면　　　옆면

함몰된 도로에 제대로 빠진 공룡이 있었다. 볏이 특색인 이 공룡의 이름은 구안롱 우카이아이(Guanlong wucaii). 이래뵈도 그 유명한 티라노사우루스 렉스(248쪽 참조)의 친척이다. '친척'이기는 하지만 티라노사우루스가 등장하기까지 8,000만 년 이상의 세월이 걸렸다. 이 수치는 현재부터 백악기 후기까지 거슬러 올라가는 시간에 해당한다.

자, 이 '현실 세계'에서 구덩이에 빠져버린 구안롱. 그다지 깊지 않으니 빨리 빠져나오면 좋으련만 아무래도 다리가 움직이지 않는 모양이다. 왜 그럴까? 이런 구덩이에 취약한가?

그런 것 같다. 사실 구안롱의 화석은 거대 용각류(龍脚類)인 마멘키사우루스(104쪽 참조)가 만든 발자국에서 발견되고 있다. 그 발자국은 '죽음의 구덩이(Death Pits)'라 불리며, 구안롱 두 마리를 포함한 총 다섯 마리의 소형 수각류 화석이 잠들어 있었다. 아무래도 당시 이 발자국에는 화산재를 포함한 부드러운 모래와 진흙, 그리고 물이 고여 있었던 것 같다. 깊이를 알 수 없는 늪 같은 상태였는지도 모른다. 구안롱들은 이 구덩이에 빠져 허우적거리다가 목숨을 잃은 것으로 추정된다.

그 트라우마가 남아 있는 걸까? 안쓰러운 붕괴 현장은 물도 고여 있지 않고 모래나 진흙도 없다. 녀석이 이곳을 빠져나가기 위해 마음을 가다듬는 데는 그리 오랜 시간이 걸리지 않을지도 모른다.

카스토로카우다

【Castorocauda lutrasimilis】

쥐라기의 물가

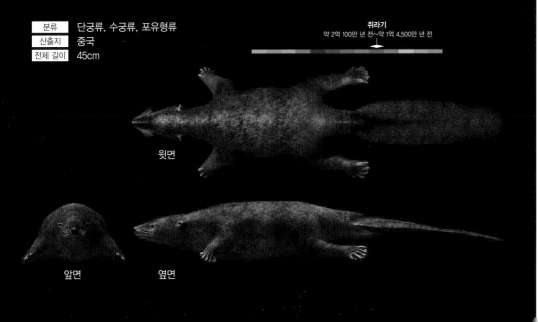

분류	단궁류, 수궁류, 포유형류
산출지	중국
전체 길이	45cm

쥐라기
약 2억 100만 년 전~약 1억 4,500만 년 전

윗면

앞면　　　옆면

비버를 관찰하고 있는데 그 옆에 몸집이 작고 어딘가 애교스러운 동물이 다가왔다. 비버의 행동을 보고 배워 흉내 내려는 것 같다. 이 동물은 잘 보면 비버처럼 평평한 꼬리를 가지고 있다.

녀석의 이름은 카스토로카우다 루트라시밀리스(*Castorocauda lutrasimilis*). 비버와 마찬가지로 수륙양생을 하는 포유류(엄밀하게는 '광의의 포유류'에 해당하는 '포유형류')이다. 보고된 바에 따르면 카스토로카우다는 쥐라기에 중국에서 서식한 동물이다.

과거 '공룡시대의 포유류는 쥐처럼 생겼고, 쥐처럼 몸집이 작으며 공룡의 그늘에 숨어 지내듯 살았다'고 여겨져 왔다.

하지만 카스토로카우다는 오늘날의 비버만큼은 아니지만 몸의 길이가 약 45cm였다. '쥐처럼 작은 몸집'이라 말할 수 없는 정도의 크기다. 그리고 모습도 '쥐처럼 생겼다'는 표현은 맞지 않는다.

2000년대 이후 공룡시대에 잇따라 이렇게 새로운 포유형류 화석이 발견됨에 따라 포유류의 기원에 관한 기존의 견해는 대폭 수정될 수밖에 없게 되었다.

카스토로카우다는 비버처럼 수륙양생이고, 비버와 같은 꼬리가 있다. 하지만 이 둘 사이에 조상과 후손의 관계는 없다. 카스토로카우다는 자손을 남기지 않고 멸종되었다.

볼라티코테리움

【*Volaticotherium antiquum*】

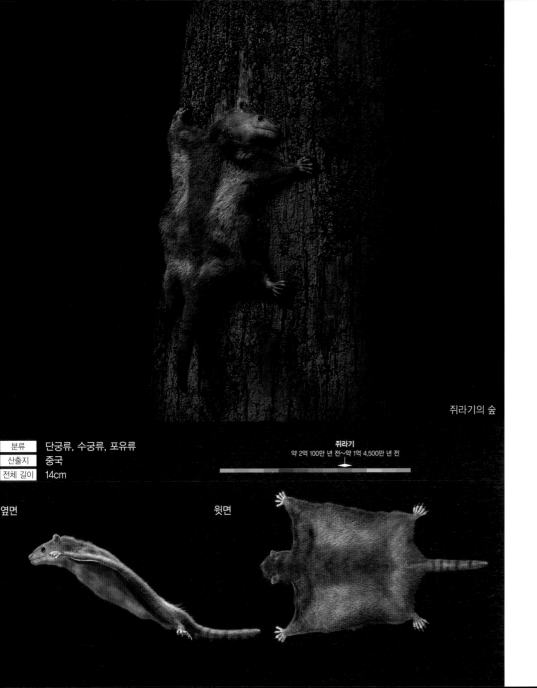

쥐라기의 숲

쥐라기
약 2억 100만 년 전~약 1억 4,500만 년 전

옆면

윗면

여성의 손바닥을 향해 한 마리의 동물이 천천히 날아왔다.

녀석은 네 다리를 활짝 벌려 피막을 펼쳤다. 불안정하기는 해도 열심히 착지 지점을 탐색하며 천천히 천천히….

이 동물은 날다람쥐인가? 일본 날다람쥐? 아니면 유대하늘다람쥐(슈가글라이더)인가?

모두 틀렸다. 이 동물의 이름은 볼라티코테리움 안티쿰(*Volaticotherium antiquum*). 중생대 쥐라기에 서식한 포유류로 오늘날의 날다람쥐 등과 조상·후손의 관계는 없는 멸종된 종이다.

전체 길이가 12~14cm인 볼라티코테리움은 일본날다람쥐 중 작은 개체와 비슷하다. 단, 볼라티코테리움의 무게는 70g으로 추정되어 일본날다람쥐보다 훨씬 가볍다. 화석을 분석한 결과에 따르면 볼라티코테리움은 그다지 비행이 능숙했던 것 같지는 않고 하늘을 난다고 해도 주로 활공 이동이었다. 오늘날의 박쥐가 그렇듯 먹이를 쫓아 궤도를 크게 바꾸지는 못했던 듯하다. 참고로 주식은 곤충이었던 것으로 보인다.

날아다니는 대부분의 현생 포유류가 그렇듯 볼라티코테리움도 야행성이었을 가능성이 높다. 공룡들이 잠든 고요한 숲속. 나무에서 나무로 조용히 활공하는 모습이 그려진다.

스테고사우루스

【*Stegosaurus stenops*】

쥐라기의 숲

분류	파충류, 공룡류, 조반류, 장순류, 검룡류
산출지	미국
전체 길이	6.5m

쥐라기
약 2억 100만 년 전~약 1억 4,500만 년 전

앞면　　　　　윗면

일본 중부 지방의 어느 지역에는 일본의 전통 건축양식인 갓쇼즈쿠리(合掌造り)가 많이 남아 있어 관광객의 발걸음이 끊이지 않는다. 수년 전부터는 공룡들과의 콜라보 이벤트로 온순한 초식 공룡을 마을에 풀어 놓았다. 특히 갓쇼즈쿠리 지붕을 키워드로 초빙한 스테고사우루스 스테놉스(*Stegosaurus stenops*)가 인기다(스테고[*Stego*]는 '지붕'이라는 뜻이고 무엇보다 등줄기를 따라 솟은 골판이 갓쇼즈쿠리와 잘 어울린다).

지금도 마을을 산책하고 있는 한 여성 옆으로 스테고사우루스 한 마리가 다가오더니 앞에서 걸음을 멈췄다. 그러더니 골판이 천천히 붉게 물든다.

"와아…."

그 아름다운 변화에 자기도 모르게 빠져든다. 그런 광경을 볼 수 있었던 당신은 행운아라 할 것이다.

스테고사우루스의 골판은 표면에 가는 혈관이 있었다고 한다. 골판을 햇빛에 비춰 혈관을 따뜻하게 함으로써 체온을 높이고, 바람으로 체온을 낮췄다는 설이 유력하다.

한편, 혈관을 흐르는 혈액의 양을 조절해 골판의 색을 변하게 했을 가능성이 있다는 견해도 있다. 색을 변화시킨 이유로 자신을 과시하려는 충동을 제기하는 견해가 있다. 이 개체는 여성에게 뭔가 자신을 드러내고 싶었는지 모른다. 참, 실제로 스테고사우루스를 방목하는 마을은 없으니 참고하시기를.

스테고사우루스류 + α

【검룡류들】

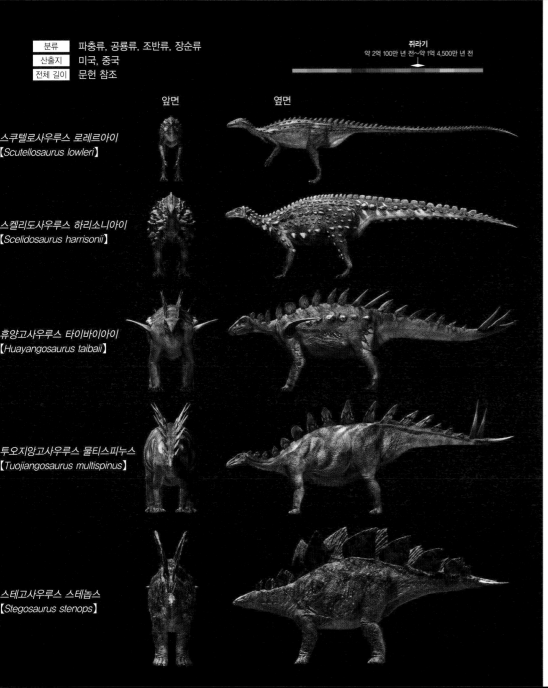

쥐라기
약 2억 100만 년 전~약 1억 4,500만 년 전

앞면　　　　　옆면

스쿠텔로사우루스 로레르아이
【Scutellosaurus lowleri】

스켈리도사우루스 하리소니아이
【Scelidosaurus harrisonii】

휴양고사우루스 타이바이아이
【Huayangosaurus taibaii】

투오지앙고사우루스 물티스피누스
【Tuojiangosaurus multispinus】

스테고사우루스 스테놉스
【Stegosaurus stenops】

"자, 점심 먹자…."

한 소녀가 고사리 잎을 흔드니 마을의 초식 공룡들이 모여든다.

이 구역에 방목된 동물은 스테고사우루스 스테놉스(94쪽 참조)와 그 친구들인데 순서대로 보면 검룡류(劍龍類)의 '진화 계보'를 추적할 수 있다고 한다.

가장 먼저 달려온 것은 전체 길이 1.3m 정도의 아담한 공룡인 스쿠텔로사우루스 로레르아이(Scutellosaurus lowleri)이다. 가장 원시적이라고 알려진 장순류(裝盾類)에 속한다. '장순류'란 스테고사우루스 같은 검룡류와 안킬로사우루스(240쪽 참조) 같은 곡룡류를 합한 그룹이다. 스쿠텔로사우루스는 그 그룹의 '뿌리' 가까운 곳에 위치하며, 아직 검룡류라고도 곡룡류라고도 할 수 없는 존재이다.

다음은 스쿠텔로사우루스보다는 '진화'했지만 스쿠텔로사우루스와 마찬가지로 검룡류라고도 곡룡류라고도 할 수 없는 스켈리도사우루스 하리소니아이(Scelidosaurus harrisonii)가 왔다. 보고된 바에 따르면 이 종의 출현 이후 검룡류와 곡룡류는 갈라지게 된다.

뒷줄 가운데 있는 휴양고사우루스 타이바이아이(Huayangosaurus taibaii)의 골판은 검룡류로서는 원시적이어서 등 골판의 폭이 아직 넓지 않다. 뒷줄 오른쪽의 투오지앙고사우루스 물티스피누스(Tuojiangosaurus multispinus)는 골판이 높은 편이고, 폭이 넓어졌다. 그리고 뒷줄 왼쪽이 스테고사우루스다. 자, 이제 크기와 골판의 변화가 확인되셨는지.

검룡류들

휴양고사우루스 타이바이아이
【*Huayangosaurus taibaii*】
쥐라기 중기
(약 1억 6,800만 년 전~약 1억 6,400만 년 전)

스켈리도사우루스 하리소니아이
【*Scelidosaurus harrisonii*】
쥐라기 전기
(약 1억 9,900만 년 전~약 1억 9,100만 년 전)

스쿠텔로사우루스 로레르아이
【*Scutellosaurus lowleri*】
쥐라기 전기
(약 1억 9,900만 년 전?~약 1억 8,300만 년 전?)

투오지앙고사우루스 물티스피누스
【*Tuojiangosaurus multispinus*】
쥐라기 후기
(약 1억 6,400만 년 전~약 1억 5,700만 년 전)

스테고사우루스 스테놉스
【*Stegosaurus stenops*】
쥐라기 후기
(약 1억 6,400만 년 전~약 1억 5,200만 년 전)

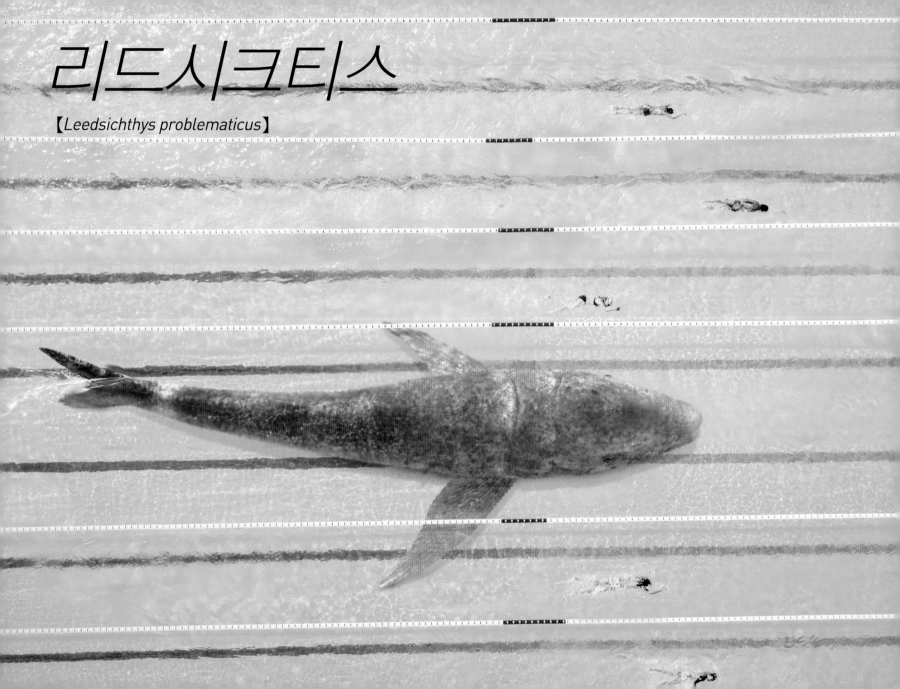

리드시크티스

【*Leedsichthys problematicus*】

분류	조기류
산출지	프랑스
전체 길이	16.5m

쥐라기
약 2억 100만 년 전~약 1억 4,500만 년 전

옆면

앞면

쥐라기의 바다

리드시크티스 프로블레마티쿠스(*Leedsichthys pr-oblematicus*). 사상 최대의 조기류(條鰭類)이며 사상 최대의 경골어류(硬骨魚類)이기도 하다. 조기류는 다랑어나 청어리 등을 포함한 물고기 그룹이다. 경골어류는 조기류 외에도 실러캔스(Coelacanth)로 대표되는 육기류(肉鰭類) 등을 포함한 한층 광범위한 그룹이다. 이 경골어류 중에서도 리드시크티스의 크기는 타의 추종을 불허한다.

하지만 전체 물고기 중에서 리드시크티스가 가장 크냐고 묻는다면 선뜻 대답하기 곤란하다. 연골어류(軟骨魚類)인 고래상어가 18m에 달하기 때문이다.

'선뜻 답하기 곤란'하다고 한 이유는 사실 리드시크티스의 전체 길이가 정확하지 않기 때문이다. 전체가 온전한 화석은 발견되지 않았고 부분 화석으로 추정한 크기다. 이 책에 표기한 크기는 그런 추정값 가운데 하나일 뿐이다. 추정값 중에는 전체 길이 27m

인 것도 있고, 만약 그 크기가 맞는다면 리드시크티스는 틀림없이 '사상 최대의 물고기'가 될 것이다. … 맞는다면.

쥐라기의 바다에 서식했던 이 거대한 조기류. 보시다시피 수영장을 꽉 채우는 존재감 덕에 현대 사회에서 인간과 수영 시합을 하기는 어려울 것 같다.

101

신랍토르

【*Sinraptor dongi*】

쥐라기의 육지

쥐라기
약 2억 100만 년 전~약 1억 4,500만 년 전

앞면   옆면

낙타와 함께 실크로드를 걷는 대상(隊商). 이들을 마치 호위라도 하듯 맨 앞에 한 마리의 육식 공룡이 걷고 있다. 이 육식 공룡의 이름은 신랍토르 동아이 (Sinraptor dongi). 중국을 대표하는 공룡 중 하나다.

한반도의 44배가 넘는 면적을 가진 중국은 각지에서 다양한 공룡 화석이 산출되고 있다. 그중에서도 특히 쥐라기의 화석 산지로 유명한 곳은 '중가르 (準噶爾) 분지'다. 중가르 분지는 베이징에서 서쪽으로 2,400km 떨어진 곳에 있는 도시인 우루무치(烏魯木齊)를 구도로 하는 신장웨이우얼(新疆維吾爾) 자치구에 있다. 이 자치구만 해도 면적이 한반도의 8배 정도이다. 신장웨이우얼 자치구의 각 도시는 예로부터 중국과 유럽을 잇는 실크로드의 요충지로 주목받아 왔다. 지금도 마찬가지다. 어렸을 때부터 키워온 강력한 육식 공룡의 호위를 받으며 상인들이 낙타를 이용해 물자를 나르고 있다.

지금까지 보고된 바에 따르면 신랍토르는 육식 공룡으로서는 '쥐라기 최대급' 공룡 중 하나다. 북아메리카에서 번성했던 알로사우루스(114쪽)와 가까우며, 전체적으로 몸체가 늘씬하고 앞발이 긴 점 등 닮은 점이 많다. 번성했던 시기도 거의 같다.

하지만 유감스럽게도 실크로드를 아무리 많이 여행해도 사육된 신랍토르를 만날 수는 없을 것이다(아마, 분명히). 만약 당신이 신랍토르와 동행인 대상 무리를 만난다면…. 당신은 맨 먼저 자신이 선량한 여행자임을 증명해야 할 것이다.

마멘키사우루스

【*Mamenchisaurus sinocanadorum*】

쥐라기의 숲

분류	파충류, 공룡류, 용반류, 용각형류, 용각류
산출지	중국
전체 길이	35m

쥐라기
약 2억 100만 년 전~약 1억 4,500만 년 전

윗면

옆면

모든 공룡류 가운데 목이 가장 길다는 마멘키사우루스 시노카나도룸(*Mamenchisaurussinocanadorum*). 이 공룡을 현대 사회로 내보낸다면 역시 기린이 있는 풍경과 어울릴 것이다.

하지만 '긴 목'이라는 공통점은 있어도 자세히 살펴보면 상당히 다르다. 기린의 목이 7개의 경추로 이루어진 데 반해 마멘키사우루스의 경추는 19개에 이르는 것으로 추정된다.

기린뿐 아니라 포유류의 경추는 기본적으로 7개다. 어떤 종은 서로 붙은 경우도 있지만, 이는 포유류의 공통된 특징 중 하나다. 물론 인간의 경추도 7개이다. 기린의 목이 긴 것은 개개의 경추가 길기 때문이다.

한편, 마멘키사우루스가 속한 용각류라는 그룹은 경추의 개수가 많고, 종에 따라 다르다. 같은 '긴 목'이라도 길이의 기본 개념이 기린과는 다르다. 또한 '경추의 수가 많아 목이 길게 되는' 구조는 182쪽 등에서 소개하고 있는 수장룡류 등과 같다.

목이 긴 용각류 중에서도 마멘키사우루스는 특히 긴 목을 소유한 것으로 유명하다. 여러 종이 확인되었는데 마멘키사우루스 시노카나도룸은 그야말로 몸 전체 길이의 절반이 목이라고 한다. 다만 실제로 발견된 화석은 극히 일부라서 향후 연구에 따라 전체 길이를 포함해 약간의 변동이 있을지도 모르겠다.

에우로파사우루스

【*Europasaurus holgeri*】

쥐라기의 물가

분류	파충류, 공룡류, 용반류, 용각류
산출지	독일
전체 길이	5.7m

쥐라기
약 2억 100만 년 전~약 1억 4,500만 년 전

옆면

사슴한테 먹이를 주고 있는데 용각류가 다가왔다. 사슴들은 도망치기는커녕 익숙한 듯 신경 쓰는 기색도 하나 없다. 이 공원에서 사슴과 함께 먹이를 받아먹는 것은 사슴들한테도, 용각류한테도 새삼스러운 일은 아닌가 보다.

그건 그렇고 작은 '아이'다. 사슴보다 크기는 하지만 높이가 사람 키와 별반 다르지 않다. 용각류는 대형 공룡의 대명사라 할 수 있는데 이건 정말 귀여운 크기다.

"오, 그래그래. 엄마 잃어버렸니? 이 먹이 먹으면 관리자한테 얘기해서 엄마 찾으러 가자."

인정 많은 당신은 자기도 모르게 이렇게 말을 걸지 모른다.

하지만 그건 오해라는 사실. 이 용각류는 이래봬도 어엿한 성체다. 즉, 이 개체가 어려서 작은 게 아니라, 종 자체가 소형이다. 이름은 에우로파사우루스 홀게르아이(*Europasaurus holgeri*). 'Europa'에서 알 수 있듯 원래는 유럽에서 살던 공룡이다.

지금까지 보고된 바에 따르면 에우로파사우루스는 쥐라기에 독일에서 서식했다. 당시 독일에는 작은 섬이 많았는데 그 섬들 중 하나에 살았던 것으로 추정된다. 작은 섬에서는 대형 동물들이 진화하면서 소형화(왜소화)하는 경향이 있는데, 에우로파사우루스가 그중 하나의 예로 추정된다.

프루이타포소르

【*Fruitafossor windscheffeli*】

분류	단궁류, 수궁류, 포유류
산출지	미국
전체 길이	7cm

쥐라기
약 2억 100만 년 전~약 1억 4,500만 년 전

윗면

옆면

쥐라기의 육지

"우리 아가들 어때?"

친구가 손바닥 위의 쥐들을 보여주었다. 쥐 두 마리에…, 응? 긴장했는지 다리에 힘이 들어간 듯한 동물이 한 마리. 이건…, 쥐가 아니네?

"응? 아아, 이건 프루이타포소르야. 귀엽지?"

친구는 해맑은 얼굴로 웃으며 소개한다.

프루이타포소르 윈드쉐펠아이(Fruitafossor windscheffeli). 앞발의 네 발가락에 있는 갈고리 모양 발톱이 특징이다. 녀석은 이 발톱을 사용해 구덩이 파는 걸 좋아한다.

지금까지 보고된 프루이타포소르는 쥐라기 후기에 미국에서 서식했다. 화석이 발견되는 지층에서는 그 밖에도 알로사우루스(114쪽)나 스테고사우루스(94쪽) 등의 화석이 발견되고 있다. 즉, 프루이타포소르는 이들 공룡의 발치에서 살았던 작은 포유류였다.

프루이타포소르의 이빨은 에나멜질이 없는 말뚝 모양이었다. 이빨의 모양과 앞발 발톱을 보니, 땅을 파서 개미를 잡아 먹었던 게 아닐까 추측된다. 이빨의 모양도 앞발 발톱도 개미를 먹는 오늘날의 땅돼지와 아주 비슷하기 때문이다. 단, 이는 어디까지나 '형태가 비슷'하다는 것일 뿐, 프루이타포소르와 현생 포유류가 조상과 후손의 관계는 아니다. 프루이타포소르는 멸종 포유류 그룹에 속한다.

아파토사우루스

【*Apatosaurus excelsus*】

쥐라기의 숲

분류	파충류, 공룡류, 용반류, 용각형류, 용각류
산출지	미국
전체 길이	22m

윗면

옆면

어딘가 모르게 목가적인 풍경이 어울리는 이 공룡의 이름은 아파토사우루스 에켈수스(Apatosaurus excelsus)라고 한다. '전형적인 용각류'이다.

용각류는 긴 목, 긴 꼬리, 굵은 다리를 지닌 초식 공룡 그룹이다. 소위 말하는 '거대 공룡'이라 불리는 종이 많고, 30m가 넘는 초대형종도 확인되고 있다.

하지만 이런 초대형종은 실제로는 얼마 되지 않으며 대부분은 전체 길이가 20m 전후다. 그런 의미에서 아파토사우루스는 '전형적'이라 할 수 있을 것이다. 만약 누가 '대표적인 용각류'를 묻는다면 아파토사우루스라고 답하자. 틀리지는 않을 것이다.

어느 정도 나이가 있는 분들은 '아파토사우루스'라는 이름이 익숙하지 않을지 모른다. 사실 이 공룡은 예전에 높은 지명도를 자랑했던 '브론토사우루스(Brontosaurus)'라 불리던 종류를 포함한다. 원래 별개의 공룡으로 보고되었는데 연구를 통해 동종임이 밝혀졌고, 먼저 명명되었던 아파토사우루스에 그 이름이 통합되었다. 단, 최근 들어 역시 아파토사우루스와 브론토사우루스는 별개의 종일 수도 있다는 견해도 있는데, 그럴 경우 아파토사우루스 에켈수스는 브론토사우루스 에켈수스로 '원상 복귀'하게 된다.

어떤 이름(분류)으로 불리든, 이렇게 차창으로 살아 있는 공룡류를 볼 수 있다면 꼭 그 기차를 타보고 싶을 것 같다.

카라마사우루스

【Camarasaurus lentus】

쥐라기의 숲

분류	파충류, 공룡류, 용반류, 용각형류, 용각류
산출지	미국
전체 길이	15m

쥐라기
약 2억 100만 년 전~약 1억 4,500만 년 전

옆면

공사 현장이 어울리는 공룡은 여럿 있을 것이다. 그중에서도 이 카라마사우루스 렌투스(*Camarasaurus lentus*)는 손꼽을 만하다. 이렇게 중장비와 나란히 대기하고 있는 모습이 정말 잘 어울린다.

110쪽에서 소개한 아파토사우루스나 126쪽의 디플로도쿠스처럼 카라마사우루스 역시 대표적인 용각류 중 하나다. 쥐라기에 미국에서 번성했고 많은 화석이 발견되고 있다.

카라마사우루스 렌투스를 포함한 카라마사우루스속의 종은 아무리 커도 20m에 못 미친다. 때문에 아파토사우루스나 디플로도쿠스에 비하면 다소 작아 보일 수 있다.

하지만 '15m'인 카라마사우루스 렌투스의 크기는 훗날 등장하는 그 유명한 대형 육식 공룡 티라노사우루스(248쪽 참조)보다 크다. 동시대의 육식 공룡으로 유명한 알로사우루스(114쪽 참조)와 비교해도 2배 가까운 크기다. 이번 기회에 아파토사우루스 등으로 인해 마비됐던 크기에 대한 감각을 되살려 보는 건 어떨까?

전체 길이가 짧은 이유는 여럿 있다. 애초에 전체적으로 덩치가 작기도 하고 목과 꼬리도 용각류치고는 특별히 긴 편이 아니다. 머리도 아파토사우루스 등에 비하면 작다.

'짧은 목'이 주는 편안한 안정감이 중장비와 나란히 섰을 때의 균형감을 연출한다고 할 수도 있겠다. 실제로 몇 톤까지 들어 올릴 수 있는지는 모르겠지만.

알로사우루스

【Allosaurus fragilis】

분류	파충류, 공룡류, 용반류, 수각류
산출지	미국
전체 길이	8.5m

쥐라기
약 2억 100만 년 전~약 1억 4,500만 년 전

옆면

앞면

쥐라기의 숲

어떤 숲에는 공룡이 자유롭게 산책할 수 있는 오솔길이 있다고 한다. 기본적으로는 소형종을 위한 길이지만 이날은 알로사우루스 프라길리스(Allosaurus fragilis)가 산책 중이다.

알로사우루스의 몸집은 8.5m로 꽤 거대한 편이다. 공룡류 전체를 봤을 때는 중형에 속하지만 수각류 중에서는 대형인 편이다. 단, 체형은 날씬한 편이라 숲속의 좁은 길을 걸어 다녀도 보다시피 위화감

이 들지 않는다.

알로사우루스는 '쥐라기의 최대급 육식 공룡'으로 명성이 자자하다. 실제로 쥐라기에 알로사우루스보다 큰 육식 공룡 화석은 거의 발견되지 않았다.

하지만 이는 어디까지나 '쥐라기'라는 시대의 이야기이며, 다음 시대인 '백악기'에는 알로사우루스를 능가하는 육식 공룡이 무수했던 것으로 보고되고 있다.

'시대의 제왕'이라 불리는 티라노사우루스(248쪽 참조)와 비교하면 알로사우루스의 특징을 잘 알 수 있다. 자료를 보자. 알로사우루스는 티라노사우루스보다도 3m 이상 작고 4t 이상 가벼웠다. 몸이 날씬하고 작았던 것이다. 또한 알로사우루스의 이빨은 다소 얇아서 티라노사우루스처럼 강하지 않았다. 티라노사우루스처럼 먹이를 뼈째로 씹는 게 아니라, 살점을 뜯는 데 최적화되어 있었던 것으로 보인다.

아르카에옵테릭스(시조새)

【Archaeopteryx lithographica】

쥐라기의 물가

분류	파충류, 공룡류, 용반류, 수각류, 조류
산출지	독일
전체 길이	70cm

쥐라기
약 2억 100만 년 전~약 1억 4,500만 년 전

앞면

옆면

까마귀가 있을 법한 친숙한 연못이다. 때로는 이런 연못을 멍하니 바라보는 날이 있어도 좋을 것 같다.

까마귀 옆으로 새 한 마리가 날아왔다. 흑과 백의 조화. 까마귀와 별로 다르지 않은 크기.

"뭐지? 처음 보는 새네."

계속 지켜볼까, 아니면 도감을 펼쳐 무슨 종인지 찾아볼까. 이 선택지는 당신 인생의 분수령이 될 수도 있다.

도감은 조류 도감이 아니라 고생물 계통의 도감을 준비하자. 그런 도감에는 틀림없이 이 새가 실려 있다.

아르카에옵테릭스 리토그라피카(*Archaeopteryx lithographica*). 흔히 말하는 '시조새'다. 고생물학 역사뿐만 아니라 과학사에 이름을 남긴 '특별한 새'. 이 '살아 있는 개체'를 발견한다면, 당신은 단숨에 세계적인 유명 인사가 될 것이다.

그런데 사실 시조새의 비행 능력은 확실히 밝혀지지 않았다. 날갯짓을 위한 근육은 발달하지 않았는데, 뇌와 팔의 골격이 비행에 적합했던 것으로 추정되기 때문이다.

하얗고 까만 깃털은 상상으로 만든 게 아니다. 고생물들의 색 중에서 드물게 밝혀진 것 중 하나이다. 정확히 일치하지는 않더라도 적어도 두 개 이상의 색이 섞여있었을 것으로 추정된다.

람포린쿠스
【*Rhamphorhynchus muensteri*】

쥐라기의 물가

분류	파충류, 익룡류
산출지	독일
전체 길이	2m 미만

쥐라기
약 2억 100만 년 전~약 1억 4,500만 년 전

윗면

옆면

독일 여행에는 역시 맥주다. 전국 각지에 양조장이 있어 지역에 따라 매장마다 다른 맥주를 맛볼 수 있다. 특히 남부의 뮌헨에서 매년 가을마다 개최되는 옥토버페스트는 매우 유명하다. 하지만 그 축제에 참여하지 않더라도 맛있는 맥주를 맛볼 수 있는 곳은 얼마든지 있다.

독일 남부에는 또 다른 명소가 있다. '졸른호펜(Solnhofen)의 동물들'. 시조새(116쪽 참조)를 비롯해 다양한 동물이 이 지역과 인연이 깊다. 이 술집에도 대표적인 익룡으로 람포린쿠스 무엔스테르아이(Rhamphorhynchus muensteri)를 키우고 있는데, 천천히 맥주를 음미하고 있으면 자기도 한 모금 달라며 다가온다.

그런데 현실 세계에서 졸른호펜은 세계적으로 유명한 '화석 노다지'(예외적으로 보존이 잘된 화석이 많이 산출되는 지층)다. 쥐라기 고생물의 대표적인 화석 산지로 유명하다.

지금까지 보고된 바에 따르면 람포린쿠스는 58쪽에서 소개한 에우디모르포돈과 같은 유형의 익룡류이다. 단, 날개를 펼친 크기는 에우디모르포돈의 두 배 정도에 달했다.

현실 세계에서는 뮌헨 근교이든 아니든 람포린쿠스를 키우는 술집은 없으니 기대하지는 마시기를. 또한 아무리 맛있어 보여도 음주는 만 19세 이상부터 가능하다.

크테노카스마

【*Ctenochasma elegans*】

자, 청소 시작할까?

활기찬 이 한 마디에 매장의 명물 '익룡'이 옆으로 왔다.

'뭐 도와줄까?'

말은 못 하지만 이런 눈빛으로 올려다본다. 녀석의 이름은 크테노카스마 엘레간스(*Ctenochasma elegans*).

익룡류는 형태에 따라 크게 두 유형으로 나뉜다. 118쪽의 람포린쿠스처럼 '머리가 작고 꼬리가 긴 유형'과 크테노카스마처럼 '머리가 크고 꼬리가 짧은 유형'이다. 연구 결과에 따르면 '머리가 작고 꼬리가 긴 유형'이 먼저 출현했고 '머리가 크고 꼬리가 짧은 유형'이 나중에 출현했다. 기본적으로 '머리가 크고 꼬리가 짧은 유형'은 덩치가 큰 경우가 많다. 다만 크테노카스마는 '머리가 크고 꼬리가 짧은 유형'치고는 이른 시기에 출현했고 덩치가 작았다.

크테노카스마의 가장 큰 특징은 입에 있다. 가는 이빨이 입 밖으로 삐져나온 형태로 260개나 촘촘히 박혀 있었다. 마치 바다 청소용 브러시처럼.

이 이빨은 '걸러내기'용이었던 것으로 추정된다. 물속에서 입을 벌려 새우나 작은 물고기를 빨아들인 다음 물만 입 밖으로 배출하는 역할을 한 것으로 보인다.

분명히 청소용 브러시를 연상케 하는 얼굴이지만 바닥을 닦게 할 수는 없고…. 음, 뭘 시키면 좋을까.

쥐라기의 하늘

분류	파충류, 익룡류
산출지	독일
전체 길이	1.5m

쥐라기
약 2억 100만 년 전~약 1억 4,500만 년 전

앞면

옆면

기라파티탄
【*Giraffatitan brauncai*】

쥐라기의 육지

쥐라기
약 2억 100만 년 전~약 1억 4,500만 년 전

옆면

아치가 아름다운 다리다. 저녁놀까지 어우러져 환상적인 풍경을 연출한다.

이런 풍경 속으로 공룡이 들어온다면 어떨까? 아치의 높이와도 잘 맞는다. 분명 비현실적이라 해도 좋을 만큼 독특한 분위기가 되겠지. 이런 광경을 목격하게 된다면 당신은 대단한 행운아다.

다리에 홀린 듯한 이 공룡의 이름은 기라파티탄 브란카아이(*Giraffatitan brancai*). 예전에 브라키오사우루스(*Brachiosaurus*)라는 이름으로 '거대 공룡의 대명사'로 통했던 초식 공룡이다. '기라파티탄'은 몰라도 '브라키오사우루스'를 아는 사람은 많을 것이다.

브라키오사우루스라는 이름을 갖는 종은 브라키오사우루스 알티토락스(*B. altithorax*)와 브라키오사우루스 브란카아이가 있는데, 이 중에 '브라키오사우루스'라는 공룡의 복원은 주로 브란카아이로 이루어졌다. 하지만 최근에는 브라키오사우루스 브란카아이를 브라키오사우루스속에서 독립시켜 '기라파티탄 브란카아이'라 부르는 경우가 많아지고 있다.

자, 기라파티탄을 보자. 이 공룡은 앞다리가 뒷다리보다 상당히 긴 게 특징이다. 필연적으로 등은 비스듬하고 목 역시 그 연장선상에서 높은 위치로 올려 복원하는 경우가 많다. 녀석은 키가 큰 공룡으로 유명하다.

플리오사우루스

【Pliosaurus funkei】

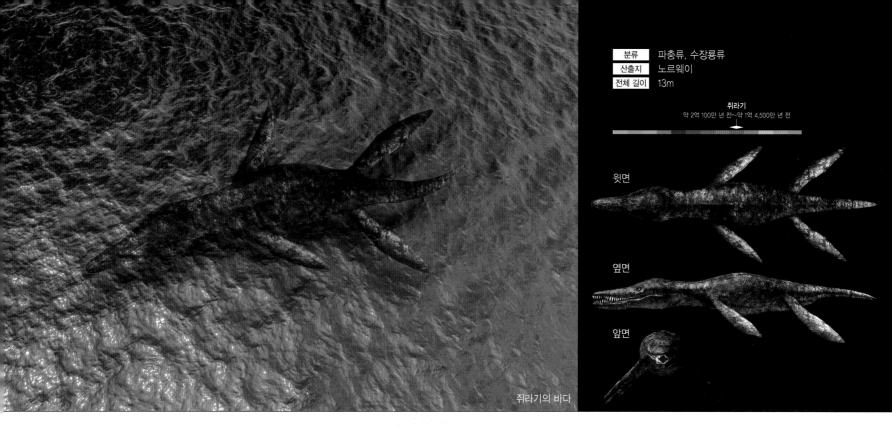

분류	파충류, 수장룡류
산출지	노르웨이
전체 길이	13m

쥐라기
약 2억 100만 년 전~약 1억 4,500만 년 전

윗면

옆면

앞면

쥐라기의 바다

스페인의 수도 마드리드에서는 최근 한 버스가 화제가 되고 있다. 지붕 위에 플리오사우루스 푼케아이(*Pliosaurus funkei*)를 싣고 다니기 때문이다.

플리오사우루스 푼케아이는 '수장룡'에 속한다. 음…, '아니, 목이 길지 않은데?' 하는 여러분의 목소리가 들리는 듯하다.

확실히 플리오사우루스의 목은 길지 않다. 하지만 이렇게 '목이 짧은 수장룡'도 꽤 확인되고 있다.

애초에 '수장룡(首長龍)'이라는 한자어는 '후타바스즈키룡(雙葉鈴木竜)'이라는 일본식 이름으로 알려진 후타바사우루스(182쪽)가 발견되면서 만들어진 이름이며, 같은 그룹을 의미하는 'Plesiosauria'라는 영어 단어에는 목의 길이와 관련된 의미는 없다('도마뱀[파충류]을 닮았다'는 의미임). 따라서 '목이 짧은 수장룡류'가 존재하는 것 자체는 그다지 이상한 일이 아니다.

'목이 긴 수장룡류'는 머리가 작고 포식자로서는 상대가 한정되어 있는데 반해, 플리오사우루스는 확실히 대형의 먹이를 사냥할 수 있는 다부진 머리가 있었다. 한눈에 봐도 '정복자급'이라 할 수 있다.

아 참, 실제로 마드리드에 가더라도 이런 진귀한 장면을 볼 수는 없으니 참고하시기를.

디플로도쿠스

【*Diplodocus carnegii*】

쥐라기의 육지

분류	파충류, 공룡류, 용반류, 용각형류, 용각류
산출지	미국
전체 길이	24m

쥐라기
약 2억 100만 년 전~약 1억 4,500만 년 전

옆면

세계사를 펼쳐보면 '실업가'라 불리는 인물은 무수히 등장한다. 그중에 '철강왕'이라 불리는 인물이 있다. 앤드류 카네기(Andrew Carnegie). 19세기부터 20세기 초에 걸쳐 활약한 실업가이다.

카네기는 도서관이나 박물관 등에 자신의 자산을 기부한 것으로 유명하다. 미국 뉴욕에 있는 카네기홀(공연장)도 그중 하나다.

지금 홀 앞에 '카네기'와 인연이 있는 용각류 한 마리가 나타났다. 이 용각류의 이름은 디플로도쿠스 카르네기아이(*Diplodocus carnegii*). 물론 이 이름도 발굴을 지원한 철강왕의 이름을 딴 것이다. 디플로도쿠스속에는 디플로도쿠스 카르네기아이 외에도 여러 종이 보고되고 있다.

디플로도쿠스는 얼굴이 편평하고 입에는 연필처럼 생긴 이빨이 있는 것이 특징이다. 앞다리가 뒷다리보다 짧아 무게중심이 뒷다리 가까운 위치에 있다. 때문에 뒷다리와 꼬리를 사용해 일어설 수 있었다는 견해도 있다. 긴 꼬리는 강력한 채찍으로 사용됐을지 모른다.

디플로도쿠스 카르네기아이의 크기는 약 24m이지만 디플로도쿠스류 중에는 '사상 최대급으로 추정'되는 종이 여럿 있다. 예를 들면 전체 길이가 35m일 것으로 추정되는 수퍼사우루스(*Supersaurus*)는 디플로도쿠스의 대형 개체일 수도 있다는 견해가 있다.

중생대의 세 번째 시기인 백악기. 약 1억 4,500만 년 전에 시작되어 약 6,600만 년 전까지 계속되었다. 무려 7,900만 년! 선캄브리아시대 에디아카라 기 이후로 설정된 13개의 시대 가운데 가장 긴 시간이다. 트라이아스기의 1.5배, 쥐라기의 1.4배가 넘는다. 이런 백악기는 약 1억 년 전을 분기점으로 '전기'와 '후기'로 나뉜다.

백악기 전기는 후기만큼 정보가 많지 않다. 전 세계적으로 백악기 전기의 지층이 거의 남아 있지 않아 연구가 활발하지 않은 게 그 원인이다. 하지만 아시아, 특히 일본에는 백악기 전기의 지층이 있고 다양한 화석이 발견되고 있다. 이 시대, 특히 일본의 고생물에 주목해보자.

딜롱

【Dilong paradoxus】

분류	파충류, 공룡류, 용반류, 수각류, 티라노사우루스류
산출지	중국
전체 길이	1.6m

백악기
약 1억 4,500만 년 전~약 6,600만 년 전

윗면

옆면

앞면

백악기의 숲

"좋겠다, 나도 저만큼 컸으면⋯."

이 고생물이 이런 생각을 하고 있는지 어떤지는 알 수 없다.

한 장의 그림에 빠져 있는 이 작은 공룡은 딜롱 파라독수스(*Dilong paradoxus*)다. 그리고 그림 속의 공룡은 티라노사우루스 렉스(248쪽 참조).

딜롱은 티라노사우루스 렉스와 같은 티라노사우루스류의 공룡이다. 이 책에는 같은 그룹의 공룡으로 이 밖에도 구안롱(88쪽), 유티라누스(146쪽), 리트로낙스(200쪽), 알베르토사우루스(232쪽) 등이 수록되어 있다. 딜롱은 이들 티라노사우루스류 중에서도 가장 작다.

작은 것뿐만이 아니다. 딜롱은 티라노사우루스 렉스와 달리 몸에 비해 목의 비율이 크다(즉, 목이 길다)는 특징도 있다. 앞다리도 길다. 앞다리 발가락은 3개로 이것도 티라노사우루스 렉스가 2개인 것과 다른 점이다.

아마 온몸은 깃털로 덮여 있었을 것이다. 작은 몸은 열을 빼앗기기 쉽기 때문에 깃털이 보온 역할을 충실히 했을 것임에 틀림없다.

그가 소망하는 몸의 크기는 그의 '자손' 세대에 실현되게 된다.

에오마이아

【Eomaia scansoria】

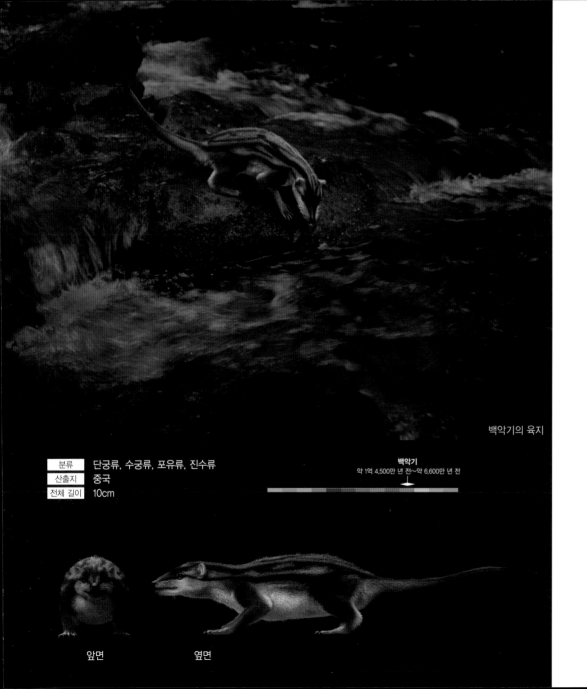

백악기의 육지

분류	단궁류, 수궁류, 포유류, 진수류
산출지	중국
전체 길이	10cm

백악기
약 1억 4,500만 년 전~약 6,600만 년 전

앞면　　　　옆면

뭘 보고 있어?

이렇게 말하듯 여성과 함께 스마트폰을 들여다보고 있는 것은 에오마이아 스칸소리아(*Eomaia scansoria*)이다. 정겨워 보이는 장면이다.

자, 이 장면을 보고 당신은 어떤 느낌이 들었는가?

응? 쥐 같다고?

뭐, 그런 생각이 드는 것도 무리는 아니다. 그리고 '지금까지 연구된 바로 이 종이 공룡시대의 포유류'라는 얘기를 들으면 '아아, 역시.' 하며 고개를 끄덕이는 사람도 많을 것이다.

분명 에오마이아는 '공룡시대 포유류'를 이미지화한 듯한 모습이다. 쥐처럼 생긴데다 쥐 정도의 크기.

'공룡이 만든 그늘 아래로 몰래 숨어들어…'와 같은 묘사가 딱 어울릴 듯하다. 하지만 이런 이미지 자체가 진부하다는 것은 이미 카스토로카우다(90쪽 참조) 등의 예에서 이야기했다.

그렇지만 에오마이아는 포유류의 역사에서 정말 중요한 존재다. 이 동물은 포유류 중에서도 '진수류(眞獸類)'로 분류되고, 그중에서도 '가장 오래된 존재'이기 때문이다. 중생대에 번성한 포유류 그룹 대부분은 백악기 말의 대멸종에서 살아남지 못했다. 하지만 진수류는 그 전에 자손을 남기는 데 성공했고, 오늘날 번영을 누리게 되었다(인간, 개, 고양이 등 현재 지구상 포유류의 대다수는 진수류이다).

카가나이아스
【*Kaganaias hakusanensis*】

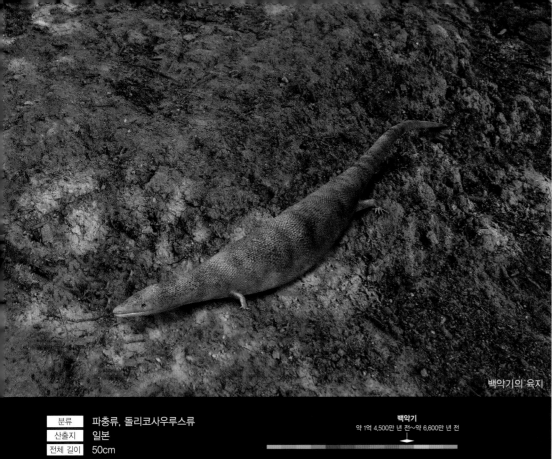

백악기의 '육지'

분류	파충류, 돌리코사우루스류
산출지	일본
전체 길이	50cm

백악기
약 1억 4,500만 년 전~약 6,600만 년 전

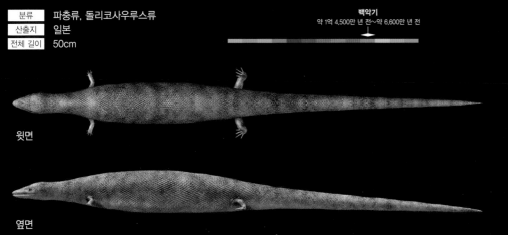

윗면

옆면

주말이면 취미로 메밀국수를 직접 만들어 먹는 사람이 있을 것이다. 이때 집에서 카가나이아스 하쿠사넨시스(*Kaganaias hakusanensis*)를 사육하고 있다면 주의가 필요하다.

"응? 좀 이상한데?"

그렇다면 혹시 밀대가 아닌 카가나이아스로 반죽을 밀고 있지는 않은지 확인해보자. 어쩌면 뱅글뱅글 도는 게 너무 재미있어서 밀대 대신 몰래 반죽 속으로 들어왔는지도 모른다.

카가나이아스 하쿠사넨시스의 학명(學名)에 있는 'Kaga'는 '가하'(加賀, 일본어로 '카가'[외래어 표기법으로는 '가가']라고 읽음―옮긴이)'에서 왔다. 카가와는 이시카와현(石川県)의 옛 이름이며 번(潘)의 이름이고, 지방명이다(참고로 현재의 이시카와는 카가 지방과 노토(能登) 지방으로 나뉜다). 'naias'는 '물의 요정'을 의미한다. 즉 이 녀석의 이름은 '카가 물의 요정'이라는 명명자의 감각이 빛난다. 또한 'hakusanensis'는 신령한 산봉우리인 '하쿠산(白山)'에서 왔으며, 'ensis'는 지명의 (남성)접미사이다. 이름에서 알 수 있듯 이시카와현 카가 지방, 하쿠산 인근의 쿠와지마(桑島) 화석 절벽에서 화석이 발견되고 있다.

카가나이아스를 한마디로 표현하면 '몸체가 상당히 긴 도마뱀'으로 '돌리코사우루스류'에 속한다. 돌리코사우루스류는 모사사우루스류(172쪽 등을 참조)와 가깝다고 알려진 그룹이다. 지금까지 전해진 카가나이아스는 돌리코사우루스류 중에서 가장 오래된 동물로 주목받고 있다.

사르코수쿠스

【*Sarcosuchus imperator*】

백악기의 물가

분류	파충류, 악어형류
산출지	니제르, 튀니지, 알제리
전체 길이	12m

백악기
약 1억 4,500만 년 전~약 6,600만 년 전

윗면

앞면　　　옆면

공원에서 벤치를 발견했을 때, 자기도 모르게 눕고 싶었던 경험이 있을 것이다. 특히 신록의 계절, 덥지도 춥지도 않다면 더더욱.

하지만 치안이 마음에 걸리기는 한다. 잠든 사이에 지갑 같은 귀중품을 도난당하지는 않을까. 그런 불안이 벤치에서의 낮잠을 망설이게 한다.

그런 이들에게는 사르코수쿠스 임페라토르(*Sarcosuchus imperator*)와 함께 하는 낮잠을 추천한다. 사르코수쿠스를 데리고 걷다가 함께 낮잠을 즐기는 것이다. 머리만 해도 1.6m나 되는 이 동물이 옆에서 자고 있다면 당신에게 접근하는 불청객은 거의 없을 것이다. 집 지키는 개가 아니라 '집 지키는 악어'(정확히 사르코수쿠스는 현생의 악어류와는 다른 악어형류에 속한다)로서의 역할을 확실히 해줄 것이다.

사르코수쿠스는 전체 길이 12m, 무게 8t이라는 거구를 자랑하는 악어형류로, '슈퍼 크록(Super Croc: 거대 악어)'이라고도 불린다. 머리는 오늘날의 가비알 종류처럼 주둥이가 좁고 긴데, 길이가 머리뼈 전체의 4분의 3에 달한다. 주둥이 끝이 살짝 부풀어 있는 것도 포인트이며, 어린 개체는 거의 부풀어 있지 않았던 것으로 추정된다. 참고로 전체 길이가 12m를 넘는 성체는 50세 이상이라고 한다.

키카데오이데아

【Cycadeoidea】

백악기의 육지

백악기
약 1억 4,500만 년 전~약 6,600만 년 전

"얏…, 얏…."

서늘한 실내에 날카로운 목소리가 울려 퍼진다.

신호가 떨어지면 스위퍼가 바닥을 닦는다. 자신도 미끄러지면서 굉장한 힘으로 브룸(빗자루 모양의 솔)을 움직인다.

이렇게 닦인 빙판 위로 스윽 미끄러지는 것은 컬링 스톤…이 아니다. 파인애플처럼 생긴 식물이다.

지름은 스톤과 비슷하다. 그런데 대체 정체가 뭐지?

관중들도 궁금했을 것이다. 이 식물의 이름은 키카데오이데아(*Cycadeoidea*). 겉씨식물이면서도 줄기 표면에 속씨식물의 꽃처럼 생긴 번식기관이 있다.

지금까지 보고된 바에 따르면 키카데오이데아는 쥐라기부터 백악기에 걸쳐 세계 각지에서 번성한 식물이다. '공룡시대(중생대)의 식물'이라 하면 키가 큰 겉씨식물들만 주목을 받는 경향이 있다. 하지만 공룡들의 발치를 수놓는 키카데오이데아도 잊어서는 안 된다. 중생대의 훌륭한 조연으로 빼놓을 수 없는 존재이다.

키카데오이데아는 여러 종이 있고 그중에는 더 크게 성장한 것도 있었으리라 추정된다. 이번 컬링에서 스톤 대신 사용된 것은 그런 여러 종들 중 하나이지만 사실 어떤 종인지는 확실하지 않다. 여기서는 일반적으로 보이는 크기로 준비했다. 줄기의 지름은 컬링 스톤으로 딱 알맞은 크기다. 물론 공식 규정상 키카데오이데아는 사용할 수 없다.

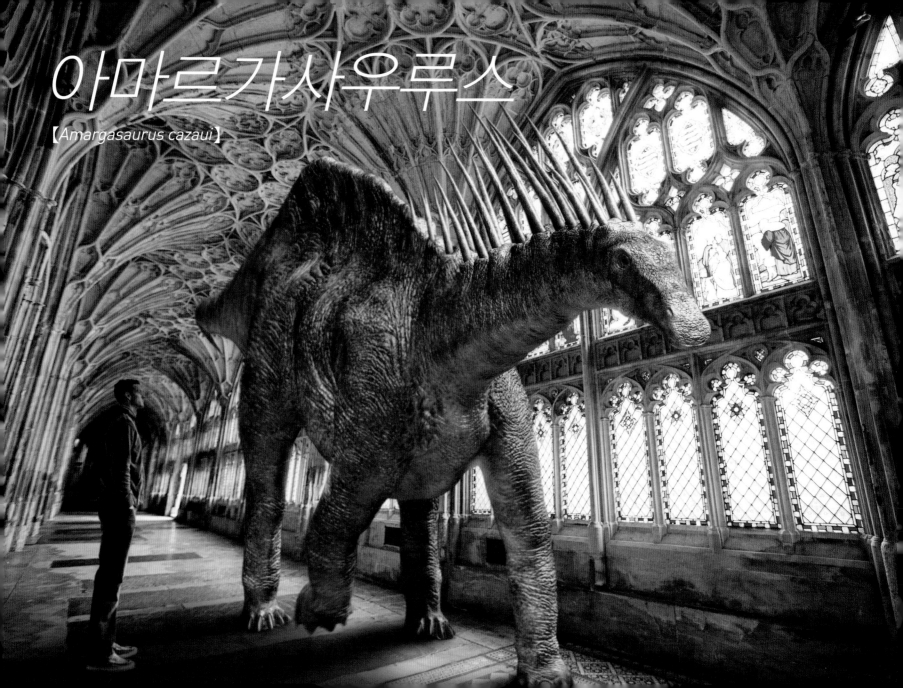

아마르가사우루스

【*Amargasaurus cazaui*】

백악기의 육지

분류	파충류, 공룡류, 용반류, 용각형류, 용각류
산출지	아르헨티나
전체 길이	13m

백악기
약 1억 4,500만 년 전~약 6,600만 년 전

옆면

앞면

스테인드글라스가 즐비한 복도. 햇살이 아름다움을 한층 더 빛나게 한다. 나도 모르게 넋을 놓고 바라보고 있는데 복도 저쪽 끝에서 용각류가 걸어왔다. 아마르가사우루스 카자우아이(*Amargasaurus cazaui*)다.

작은 머리, 긴 목, 굵은 다리에 긴 꼬리…. 용각류는 비슷한 모습이 많다. 게다가 '크기' 면에서 아마르가사우루스는 중형(그중에서도 약간 작은 편)에 속한다. 104쪽에서 소개한 마멘키사우루스나 160쪽의 파타고티탄 같은 초대형종도 아니고, 106쪽에서 소개한 에우로파사우루스 같은 소형종도 아니다. 즉, 크기 면에서 아마르가사우루스는 결코 눈에 띄는 존재가 아니다.

하지만 아마르가사우루스는 한눈에 알아볼 수 있다. 목에서 등에 걸쳐 척추뼈에서 길고 가는 가시가 솟아 있기 때문이다. 용각류 중에서도 단연 눈에 띄는 존재감을 뿜어낸다고 할 수 있다.

가시의 역할에 대해서는 알려진 바가 없다. '목'이라는 동물의 약점을 지키는 부위에 있는 것으로 보아 방어의 역할을 했을 거라는 견해가 있다. 하지만 가늘어서 방어용으로 얼마나 도움이 됐을지 의문이다. 가시끼리 부딪혀 의도적으로 소리를 낼 수 있다는 견해도 있다. 하지만 확실하지는 않다.

아무튼 스테인드글라스의 장엄한 분위기와 잘 어울리는 공룡이다. 일단 한 발 물러서서 그 모습을 감상해보자.

시노사우롭테릭스

【Sinosauropteryx prima】

백악기의 숲

분류	파충류, 공룡류, 용반류, 수각류
산출지	중국
전체 길이	1m

백악기
약 1억 4,500만 년 전~약 6,600만 년 전

옆면

쪼그려 앉은 호랑이꼬리여우원숭이를 촬영하려고 카메라를 준비하고 있는데, 작은 공룡 한 마리가 다가왔다. 온몸이 짧은 털로 뒤덮였고 갈색 등에 배가 하얗다. 꼬리에는 호랑이꼬리여우원숭이처럼 줄무늬가 있고, 자세히 보면 눈 주위도 호랑이꼬리여우원숭이만큼은 아니지만 검다. 녀석의 이름은 시노사우롭테릭스 프리마(*Sinosauropteryx prima*).

시노사우롭테릭스는 언뜻 보면 수수하고 작은 깃털 공룡이다. 긴 발톱도, 특이한 날개도 없다. 하지만 고생물학 역사에서 이 공룡은 기념비적인 의미를 갖는다. 오늘날에는 도감을 펼치면 깃털이 있는 공룡을 흔히 볼 수 있는데, 그 최초가 바로 이 공룡이다. 1996년 깃털을 확인할 수 있는 공룡으로 시노사우롭테릭스가 보고되었다. 그리고 이후 깃털 공룡의 발견과 보고가 잇따랐다.

시노사우롭테릭스는 양질의 표본이 발견되어 분석을 통해 다양한 정보를 얻게 되었다. 일반적으로 공룡류뿐 아니라 대다수 고생물은 화석에 색이나 모양이 남지 않는다. 하지만 극히 드물게 당시의 색을 추측할 수 있는 경우가 있는데, 시노사우롭테릭스는 바로 그 '희귀한 공룡' 중 하나다. 위에서 소개한 컬러 패턴은 과학적인 근거에 기반해 이미 2017년에 발표된 연구 내용이다.

그나저나 이 녀석, 호랑이꼬리여우원숭이 꼬리의 줄무늬에 친근감을 느끼는 모양이군.

미크로랍토르

【*Microraptor gui*】

백악기의 숲

백악기
약 1억 4,500만 년 전~약 6,600만 년 전

윗면

옆면

앞면

산타가 공룡과 함께 찾아온다면…, 분명 아이들은 환호성을 지를 것이다. 그런 미래를 목표로 열심히 '심부름하는 공룡'을 훈련시키고 있다. 이번에 그가 파트너로 선택한 것은 미크로랍토르 구아이(Microraptor gui).

이 깃털 공룡은 까다롭지 않은 식성으로 유명하다. 작은 새, 작은 물고기, 소형 포유류 등 먹을 수 있는 크기의 먹이는 뭐든 먹는다. 어릴 적부터 키우면서 사람이 주는 먹이에 익숙해지게 하면 사육이나 훈련도 다른 공룡만큼 어렵지 않을지 모른다.

미크로랍토르 구아이는 공룡 연구사에서 커다란 놀라움으로 맞이한 공룡 중 하나다. 2003년에 이 종이 처음으로 보고되었을 때, 사람들은 '뒷다리 날개'에 주목했다. 현재의 조류는 '앞다리 날개'로 난다. 이는 멸종 조류나 익룡류 등도 마찬가지이고, 뒷다리에 날개가 있는 동물은 38쪽에서 소개한 샤로빕테릭스 정도다. 단, 샤로빕테릭스는 '뒷날개가 주 날개'인 데 반해, 미크로랍토르는 앞다리에도 어엿한 날개가 있었다. 이 공룡은 '날개가 네 개'였던 것이다. 20세기 말부터 깃털 공룡 화석이 잇따라 보고되면서 깃털 공룡에 대한 화젯거리가 끊임없이 발표되던 시기에 어떤 의미에서는 하이라이트였다고 할 수 있을 것이다.

네 날개를 어떻게 사용했는지는 아직 베일에 싸여 있다. 잘 길들인 미크로랍토르가 있다면… 가장 궁금해 하는 것은 아이들이 아니라 연구자들일 것이다.

유티라누스

【Yutyrannus huali】

백악기의 숲

분류	파충류, 공룡류, 용반류, 수각류, 티라노사우루스류
산출지	중국
전체 길이	9m

백악기
약 1억 4,500만 년 전~약 6,600만 년 전

앞면   옆면

눈 덮인 온천 마을을 유유히 걷는 모습이 잘 어울리는 이 공룡. 이름은 유티라누스 후알아이(Yutyrannus huali)라고 한다. 티라노사우루스 렉스(248쪽)와 같은 '티라노사우루스류'에 속하는 육식 공룡으로, 연구 결과에 따르면 티라노사우루스 렉스보다 수천만 년 전에 아시아에서 서식했다.

최근 들어 공룡을 복원할 때 깃털을 살려 묘사하는 경우가 많다. 다만 대부분은 그 개체의 깃털 화석이 발견된 게 아니라, 근연종에서 깃털이 발견되는 등 간접 증거에 근거하는 경우가 많다. 하지만 유티라누스는 그런 복원과는 차원이 다르다. 거의 온몸에서 깃털이 확인된 것이다.

깃털의 역할은 첫째 체온 유지가 목적이라는 견해가 유력하다. 동물은 기본적으로 몸의 크기가 클수록 보온성이 뛰어나고, 소형종은 열을 빼앗기기 쉬운 특징이 있다. 때문에 공룡을 복원할 때 소형종에는 깃털이 있다는 견해가 당연하게 받아들여지고 있는데, 연구자들은 대체 어느 크기까지 '깃털을 살려 복원해도 좋은가'를 두고 논란을 벌인 바 있다.

결론은 유티라누스였다. 2012년에 보고된 이 공룡은 전체 길이가 9m였다. 소형이라 할 수 없는 것이다. 이런 공룡이 깃털이 있었기 때문에 대형종도 깃털이 있었을 가능성이 제기되었다. 애초에 유티라누스가 살았던 지역은 연간 평균 기온이 10°C 정도의 한랭지였던 듯하다. 대형종이라도 '깃털이 필요한 환경'에서 생존했다고 볼 수 있는 것이다.

레페노마무스

【*Repenomamus gigantius*】

백악기의 육지

분류	단궁류, 포유류, 진수류
산출지	중국
전체 길이	80cm

백악기
약 1억 4,500만 년 전~약 6,600만 년 전

앞면　　　　　옆면

래브라도 리트리버와 함께 즐거운 듯 산책 중인 이 동물은 레페노마무스 기간티우스(*Repenomam-us gigantius*)이다. 튼튼한 턱과 날카로운 이빨을 소유한 포유류이다.

지금까지 보고된 바에 따르면 레페노마무스는 백악기에 살았다.

대형견 크기에 틀림없이 육식동물이었을 백악기의 포유류!

2005년에 이 종이 보고되기까지 백악기의 포유류는 공룡류에 비해 '약자'였을 것으로 추정되었다. 하지만 대형견 크기에 육식성이라면 약자라 할 수 없다. 가까운 포유류로 더 소형인 레페노마무스 로버스투스(*Repenomamus robustus*)의 화석 복부에서는 몸통이 절단된 어린 초식 공룡의 화석이 발견되기도 했다. 즉, 레페노마무스 같은 소형 개체도 어린 공룡을 공격했는데, 대형 레페노마무스 기간티우스는 무슨 말이 필요할까.

레페노마무스는 공룡시대의 포유류가 일방적으로 공룡에게 공격을 당하기만 하는 존재가 아니었음을 증명한다.

일반적으로 대형견을 산책시킬 때는 당기는 힘에 주의해야 한다. 하지만 레페노마무스 기간티우스의 무게는 약 14kg으로 중형견 정도였다. 산책에 그렇게 큰 힘이 필요하지는 않을 것이다. 의외로 반려동물로 적합할지 모르겠다.

투판닥틸루스

【*Tupandactylus imperator*】

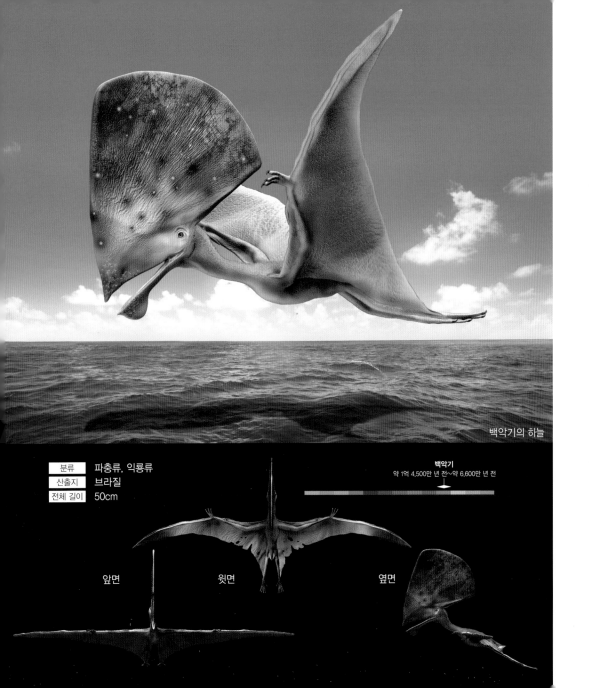

백악기의 하늘

분류	파충류, 익룡류
산출지	브라질
전체 길이	50cm

백악기
약 1억 4,500만 년 전~약 6,600만 년 전

앞면　　　　　　윗면　　　　　　옆면

화창한 날씨. 정말 빨래하기에 딱 좋은 날씨다.

깨끗하게 세탁된 셔츠가 한 장, 두 장, 세 장…. 응?

뭔가 이상하게 생긴 게 널려 있다.

여러분도 눈치 채셨는지?

빨랫줄에 걸려 있는 '이상하게 생긴 것'의 정체는 투판닥틸루스 임페라토르(*Tupandactylus impera-tor*). 익룡류다. 싫은 기색도 없이 힘을 빼고 있는 모습을 보니 어쩌면 녀석은 이렇게 널려 있는 게 좋은 가보다.

투판닥틸루스는 머리에 커다란 볏이 있는 대표적인 익룡류이다. 익룡류 중에 볏을 갖는 종류는 적지 않지만 투판닥틸루스의 볏만큼 개성 있는 볏은 참 드물다. 볏의 높이는 50cm에 달하고 길이는 거의 80cm나 된다.

투판닥틸루스 볏의 특징은 볏 대부분이 피막으로 이루어져 있다는 점이다. 뼈의 '심'은 상하로 가늘게 존재할 뿐, 그 사이사이는 부드러운 조직이다. 마치 요트의 돛처럼. 익룡류로서는 보기 드문 특징이라 할 수 있다.

어째서 이런 볏을 갖게 되었는지는 확실하지 않다. 과연 하늘을 날 때 방해가 되지는 않았을까, 강풍을 맞았을 때 목은 무사했을까, 궁금하다.

아무튼 셔츠와 함께 빨랫줄에 널려 있기 위한 용도는 아니었겠지….

후쿠이사우루스
Fukuisaurus

2월 목표
웃는 얼굴로
밝게 인사

2월 1일 (금) 당번 후쿠이랍토르

후쿠이사우루스
【*Fukuisaurus tetoriensis*】

백악기의 숲

백악기
약 1억 4,500만 년 전~약 6,600만 년 전

앞면　　　　옆면

"오늘부터 여러분과 함께 공부하게 될 후쿠이사우루스예요. 사이좋게 지내도록. 자, 후쿠이사우루스 군, 자기소개를 할까요."

이런 식으로 공룡이 전학을 온다면 학교생활도 한층 더 즐거워질 것임에 틀림없을 것이다.

학교 교실이 잘 어울리는 후쿠이사우루스 테토리엔시스(*Fukuisaurus tetoriensis*)는 칠판 길이보다 훨씬 더 큰 초식 공룡이다. '후쿠이'라는 이름에서 알 수 있듯 일본의 후쿠이현(福井縣)에서 화석이 발견된 공룡 중 하나이며, 1989년부터 시작된 조사에서 발견되었고 2003년에 명명되었다. 'tetoriensis'는 화석이 발견된 테토리 층군(手取層群, 일본의 후쿠야마 현, 이시카와 현, 후쿠이 현, 기후 현에 걸쳐 형성된 중생대 쥐라기 중기부터 백악기 전기의 지층-옮긴이)이라는 지명에서 따왔다. 테토리 층군의 공룡 화석 산출량은 일본 최대이며 여러 새로운 종을 포함한 많은 공룡 화석이 발견되고 있다. 현 이름을 딴 후쿠이 공룡으로는 154쪽에서 소개한 후쿠이랍토르 외에도 후쿠이티탄(*Fukuititan*)이라는 용각류가 보고되었다. 다만 후쿠이티탄은 발견된 부위가 작아 전체 모습은 명확히 알려지지 않은 상태다. 또한 연구 결과에 따르면 후쿠이사우루스는 후쿠이랍토르와 같은 시대, 같은 지역에 살았던 것으로 추정된다.

후쿠이사우루스는 공룡 연구사에서 가장 초기의 종으로 알려진 이구아노돈(*Iguanodon*)의 친척이다. 하지만 이구아노돈에 비해 크기가 절반 정도로 작다. 근연종들과 비교해도 다소 작은 부류에 속한다.

후쿠이랍토르

【Fukuiraptor kitadaniensis】

백악기의 숲

분류	파충류, 공룡류, 용반류, 수각류
산출지	일본
전체 길이	4.2m

백악기
약 1억 4,500만 년 전~약 6,600만 년 전

윗면

앞면

옆면

"숙제했니?"

이런 대화를 하는 듯한 분위기의 고등학생(인간)들 옆으로 아는 척 다가오는 건 후쿠이랍토르 키타다니엔시스(*Fukuiraptor kitadaniensis*)다. 아침 등교 풍경의 한 장면…. 그런데 아무리 생각해도 후쿠이랍토르는 참 순박한 것 같다.

일본의 풍경이 어울리는 이 공룡은 이름에서 알 수 있듯 후쿠이현 출신이다. 앞다리의 커다란 발톱, 긴 뒷다리가 특징이며 전체적으로는 날씬한 편이다. 114쪽에서 소개한 알로사우루스의 친척으로 추정된다. 전체 길이가 4.2m로 알로사우루스의 친척치고는 소형이다. 하지만 이 수치의 근거가 된 개체는 아직 완전한 성체가 아니라는 지적도 있어 성장이 끝나면 더 컸을지 모른다. 청소년 공룡이라는 의미에서는 이렇게 함께 등교하는 풍경도 괜찮지 않을까.

그런데 오늘은 '공룡 왕국'으로 유명한 후쿠이현 이야기를 해보자. 이 왕국을 유명하게 만든 것은 이시카와현에서 그리 멀지 않은 지역에서 발견되는 대량의 공룡 화석이다. 1982년에 최초의 화석이 발견된 이후 조사와 대규모 발굴이 계속되었다. 후쿠이랍토르는 이런 대규모 발굴 과정에서 발견되었으며 2000년에 새로운 종으로 명명되었다. 일본산 공룡 화석으로는 처음으로 전신 골격을 복원해 조립하는 데 성공했다는 기념비적 의미가 있다.

현실 세계에서는 후쿠이현이 아무리 공룡의 왕국이라 해도 '공룡과 함께 등교'하는 풍경을 볼 수는 없을 것이다.

155

탐바티타니스

【*Tambatitanis amicitiae*】

백악기의 육지

분류	파충류, 공룡류, 용반류, 용각류
산출지	일본
전체 길이	15m

백악기
약 1억 4,500만 년 전~약 6,600만 년 전

앞면　　　　　옆면

일본의 고베(神戸)를 방문했다면 해가 진 후의 항구를 산책해보자. 특히 대관람차 주변은 연인과 함께 걸으면 분위기가 정말 좋은데, 고베를 대표하는 데이트 장소로 유명하다.

특히 최근에는 항구 주변을 산책하는 거대 공룡도 등장했다. 이 공룡의 이름은 탐바티타니스 아미키티아에(*Tambatitanis amicitiae*). '탐바(丹波)'라는 단어에서 알 수 있듯 이 공룡은 고베가 속한 일본 효고현(兵庫縣)의 탐바(외래어 표기법으로는 '단바')시에서 화석이 발견된 용각류로, 이 지역을 대표하는 공룡이다.

일본의 다른 지역에서도 용각류 화석이 발견되고 있다. 하지만 하나같이 일부 조각들뿐이라 전체 길이는 추측하기 어렵다. 탐바티타니스는 비교적 많은 부위가 발견된 덕에 전체 길이가 15m로 추정되고 있다. 지금까지 학명이 부여된 그 어떤 일본산 공룡보다 크다.

탐바티타니스의 화석이 발견된 장소에서 고베항까지는 자동차로 1시간 이상 걸린다. 탐바티타니스가 여기까지 오는 데 얼마나 걸렸을까? 탐바시에 인접한 탐바사사야마시(丹波篠山市)에 공룡 화석 지층이 있다는 사실을 널리 알리기 위한 모 기관의 의뢰라도 받은 걸까?

물론 현실 세계에서는 고베항을 거니는 탐바티타니스를 만날 수는 없을 것이다…. 아마도.

데이노니쿠스

【*Deinonychus antirrhopus*】

백악기의 육지

백악기
약 1억 4,500만 년 전~약 6,600만 년 전

앞면   옆면

이봐, 뭘 만들고 있어?

이런 표정으로 소형 육식 공룡인 데이노니쿠스 안티르호푸스(*Deinonychus antirrhopus*)가 다가왔다.

묘하게도 주방 풍경에 잘 어울리는 이 공룡은 입에는 날카로운 이빨, 다리에는 커다란 갈퀴발톱이 있다. 영화 〈쥬라기 공원〉과 〈쥬라기 월드〉에 등장하는 '랩토르'의 모델이라고 하면…, 왜 주방에 나타났는지 이해가 될 것이다(머릿속에 '?'가 떠오른다면 꼭 시리즈 1편을 보시기를).

데이노니쿠스는 공룡 연구사에서 강한 존재감을 뿜어내는 공룡이다. 과거 공룡은 '육중하고 둔하며 지능이 낮은 파충류'라는 인식이 있었다. 하지만 1969년에 보고된 데이노니쿠스는 어느 면으로 보나 '육중하고 둔하며 지능이 낮은 파충류'로는 보이지 않는다. 경쾌하게 먹이를 사냥하는 모습이 정말 잘 어울린다. 이런 데이노니쿠스의 존재가 보고되면서 공룡의 이미지는 '한층 활동적이고 공격적인 동물'로 수정되어 갔다.

오늘날의 공룡상을 구축하는 데 지대한 공헌을 한 공룡이 바로 이 데이노니쿠스다. 오늘날에는 거의 정설로 굳어진 조류의 공룡 기원설도 데이노니쿠스를 기점으로 논의되어 왔다.

최근 연구에서는 데이노니쿠스와 근연종들의 지능이 높았다는 의견이 나온 바 있다. 지능이 높고 영리하며 날렵한 육식 공룡이라면…, 일단은 얼른 뭐라도 먹을 걸 던져주는 게 좋지 않을까.

파타고티탄

【*Patagotitan mayorum*】

백악기의 육지

분류	공룡류, 용반류, 용각류
산출지	아르헨티나
전체 길이	37m

백악기
약 1억 4,500만 년 전~약 6,600만 년 전

옆면

도쿄역 앞에 거대 공룡이 나타났다!

크기가 무려 전체 길이 37m, 무게 69t!

지금까지 알려진 바로는 사상 최대의 육상동물이다…. 일단은.

그렇다. 어디까지나 '일단은'이다.

우선 이 화석의 발견을 알린 최초의 보고서에는 전체 길이가 40m였다. 공식적으로 학술논문이 된 단계에서는 전체 길이가 10% 가까이 하향 조정되었다.

그리고 이 '37m'라는 수치도 과연 맞는지 의문이다. 무엇보다 대형 생물일수록 온전한 전신 화석이 남을 가능성이 낮다. 파타고티탄 역시 발견된 것은 넓적다리뼈와 갈비뼈, 일부 정강이뼈 등이다. 이 화석의 데이터에 다른 개체의 데이터를 더한 다음 전신을 복원해 추정한 수치가 37m이다.

30m가 넘는 초대형종의 경우는 모두 연구자들마다 추측치가 조금씩 다르다. 그래서 '사상 최대'가 아닌 '사상 최대급'처럼 '최대'인데 '급'이라는 융통성 있는 표현을 하는 경우가 많다. 이번에도 이 37m라는 숫자를 '유일무이한 최대종'이라고 받아들이기보다는 '최대급'이라 표현하면서 마멘키사우루스(104쪽) 등과 같은 정도로 인식해야 할지 모른다.

참, 사상 최대급인 이 육상동물의 이름은 파타고티탄 마요룸(*Patagotitan mayorum*)이다.

후기 백악기

Late
Cretaceous period

정말 유명한 고생물이 수없이 많이 등장하는 백악기 후기는 약 1억 년 전에 시작해 약 6,600만 년 전까지 이어졌다. 아마 일반적으로 보아 가장 잘 알려진 시대라 할 수 있을 것이다. '백악기 후기'라는 시대 이름은 몰라도 등장하는 고생물은 이름이 널리 알려져 있다. 무엇보다 이 시대의 지층은 북아메리카 대륙에 널리 분포하기 때문에 많은 공룡 화석이 발견되고 있다. 그 유명한 육식 공룡의 제왕도, 그 유명한 '기갑무장 공룡'도 백악기 후기의 공룡이다.

다만 이렇게 '유명한 공룡'이 등장하는 것은 백악기 후기가 끝나갈 무렵이다. 백악기 후기의 4,400만 년 동안에는 이 밖에도 많은 고생물이 등장했다. 일본의 홋카이도에는 이 시대의 바다에서 생긴 대규모 지층이 있기 때문에 암모나이트를 비롯한 많은 화석들이 발견되고 있다. 백악기 후기는 유독 공룡에만 관심이 집중되는 경향이 있지만 세계적으로 해양 동물에게도 커다란 '변화'가 있었던 시대다.

나자쉬

【*Najash rionegrina*】

백악기의 육지

분류	파충류, 뱀류
산출지	아르헨티나
전체 길이	2m

백악기
약 1억 4,500만 년 전~약 6,600만 년 전

윗면

옆면

"자, 오늘 영업 시작해볼까."

한 남성이 동료 뱀들에게 말을 걸고 있다. 한 마리는 코브라, 다른 한 마리의 이름은 나자쉬 리오네그리나(*Najash rionegrina*)다.

나자쉬는 언뜻 보면 '평범한 뱀'처럼 보일지 모르지만 자세히 보기 바란다. 머리부터 꼬리 쪽으로 훅 훑다보면…, 이제 알아보셨는지. 거기에 한 쌍의 작은 다리 두 개가 있다. 사실 나자쉬는 '뒷다리가 있는 뱀'이다.

지금까지 연구된 바에 의하면 백악기는 뱀류가 출현한 시대로 알려져 있다. 원래는 네 개의 다리를 가진 도마뱀처럼 생긴 파충류가 있었고, 진화하면서 다리가 없어진 걸로 추정된다. 다만 다리의 소실이 '어디서' 이루어졌는지는 두 가지 가설이 존재해 단정 지을 수 있는 상황은 아니다.

첫 번째 가설은 바다에서 헤엄을 치면서 소실되었다는 것. '뱀의 수중 진화론'이다. 이것은 이스라엘에서 화석이 발견된 '뒷다리가 있는 바다뱀'을 근거로 하고 있다.

둘째는 '뱀의 육상 진화설'이다. 이것은 반은 땅속에서 생활하는 뱀이 땅속을 이동하는 중에 다리가 없는 종으로 진화했다는 주장이다. 나자쉬는 이 가설들의 근거 중 하나이다.

현재는 두 가설 가운데 나자쉬 외에 속속 증거(화석)가 나오고 있는 '뱀의 육상 진화설' 쪽이 더 우세하다.

기가노토사우루스

【*Giganotosaurus carolinii*】

백악기의 육지

백악기
약 1억 4,500만 년 전~약 6,600만 년 전

앞면　　　옆면

남아메리카 대륙의 고지대를 여행한다면 비쿠냐 (라마의 일종) 떼는 꼭 보고 싶을 것이다. 하물며 기가노토사우루스 카롤리니아이(*Giganotosaurus ca-rolinii*)와 함께 거닐고 있는 녀석들을 만난다면….

기가노토사우루스는 전체 길이가 티라노사우루스(248쪽)보다 2m 더 큰 수각류로 알려져 있다. 단, 무게는 거의 비슷하다. 즉, 티라노사우루스보다 약간 날씬했다. 전체 길이가 더 큰 수각류로는 스피노사우루스(168쪽)가 있다. 다만 스피노사우루스의 주식은 물고기였던 것으로 추정되기 때문에 기가노토사우루스는 한층 '순수한 육식성' 중 '최대종'이라 할 수 있다. 넓은 의미에서 알로사우루스의 친척이고, 같은 '순수한 육식성'의 대형종인 티라노사우루스와는 다른 그룹에 속한다.

지금까지 보고된 바에 따르면 기가노토사우루스는 백악기 중반에 출현했다. 백악기 말기에 등장한 티라노사우루스보다도 2,000만 년 이상 빨리 등장한 '포식자'이다. 발견된 화석의 수는 한정적이고, 백악기 중반에 등장한 이래로 어느 정도의 세월을 거쳐 대형 육식 공룡으로 군림하게 되었는지는 밝혀지지 않았다.

물론 현재의 남아메리카 대륙에는 서식하지 않겠지만…. 만약 발견하게 된다면 섣불리 다가가지 않는 게 좋을 것이다. 무엇보다 '사상 최대의 육상 육식 공룡'이니까.

스피노사우루스

【*Spinosaurus aegyptiacus*】

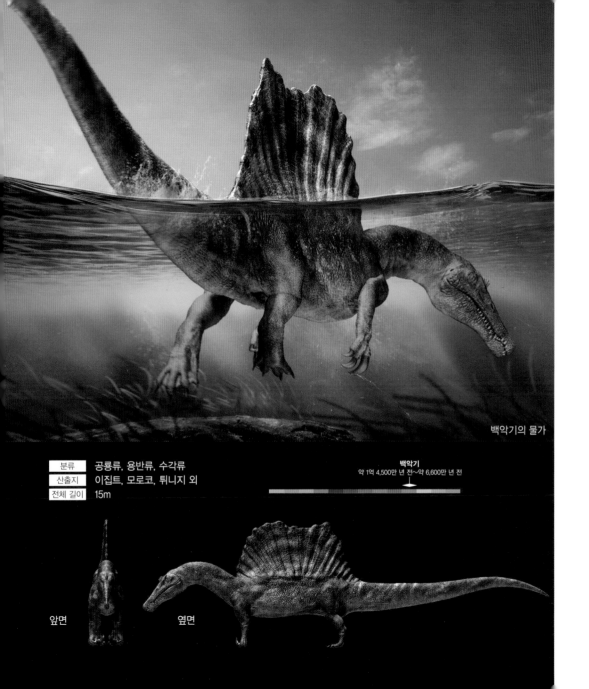

백악기의 물가

분류	공룡류, 용반류, 수각류
산출지	이집트, 모로코, 튀니지 외
전체 길이	15m

백악기
약 1억 4,500만 년 전~약 6,600만 년 전

앞면　　　　옆면

"입질이 없네."

"저 공룡 때문 아닐까?"

"그런데 저 녀석도 못 잡은 모양이야."

"… '세 명' 중에 누가 맨 처음 잡을지 경쟁하는 건가?"

이런 대화가 들려오는 것 같다.

낚시꾼들과 함께 '낚시' 중인 것은 스피노사우루스 아이깁티아쿠스(*Spinosaurus aegyptiacus*)이다. 등에 솟은 돛이 트레이드마크이며 모든 육식 공룡이 속하는 '수각류'에서 가장 큰 공룡으로 알려져 있다. 수각류에서 최대의 크기로 유명한 티라노사우루스(248쪽)보다도 크다는 얘기다.

다만, 스피노사우루스는 육식을 해도 육상동물보다는 물고기를 주로 먹었을 것으로 추정된다. 좁고 긴 코는 물속에서 움직이기 편하고 원뿔형 이빨은 물고기를 찌르기에 적합했다.

사실 스피노사우루스의 '최고의 표본'은 제2차 세계대전 당시 공습으로 소실되고 말았다. 때문에 전체 모습에 관해서는 몇몇 가설이 있다. 2014년에 보고된 컴퓨터를 활용한 연구에서는 수각류로서는 드물게 뒷다리가 짧고 그로 인해 주로 네 다리로 걸으면서 물속에서 사는 경우가 많았을 것이라는 주장이 나왔다.

하지만 2018년 이 가설에 대한 반론이 제기되는 등 아직 의견이 분분한 상태다.

크레톡시리나

【*Cretoxyrhina mantelli*】

분류	연골어류, 판새류
산출지	미국, 스웨덴, 캐나다 외
전체 길이	8m

백악기
약 1억 4,500만 년 전~약 6,600만 년 전

옆면

앞면

백악기의 바다

"우와… 크다!"

이 수족관에는 연골어류가 많이 전시되어 있는 것 같다. 한 가족이 지금 크레톡시리나 만텔아이(*Cretoxyrhina mantelli*)가 있는 수조 앞까지 왔다. 커다랗고 날카로운 이빨, 강한 지느러미. 때로는 수조 안을 빠르게 유영해서 같은 수조 안의 다른 물고기들을 놀라게 한다.

크레톡시리나는 '최강의 포식자'라 불리는 해양 동물 중 하나다. 지금까지 보고된 바에 따르면 백악기 후기의 연골어류를 대표하는 존재다. 같은 해역에는 수많은 해양 동물이 서식했고, 크레톡시리나는 거대종인 모사사우루스류와 함께 생태계의 상위에 군림했다.

수많은 해양 동물의 화석에서 크레톡시리나의 것으로 보이는 이빨 자국이 확인되고 있다. 이런 이빨 자국 중에는 '치유된 흔적'으로 보이는 것들도 있다. 이는 그 먹이가 습격을 당한 뒤 도망쳐 살아난 경우가 있었다는 뜻이다. 즉, 크레톡시리나가 살아 있는 먹잇감을 공격했다는 증거가 된다. 크레톡시리나의 이빨 자국이 먹이의 아래턱 부근에 많다는 것도 눈여겨볼만한 사실이다. 아래턱… 바로 아래는 '목'이다. 척추동물의 약점 중 한 곳으로, 크레톡시리나는 정확히 먹이의 약점을 노리는 공포의 동물이었다.

사육할 때는 물론 세심한 주의가 필요하다. 항상 배가 부른 상태로 있게 하는 것은 기본이다. 하지만 너무 많이 먹으면 지나치게 쑥쑥 자란다. 어떤 수족관에서는 10m까지 성장한 개체도 있다는 얘기를 들은 것도 같은데….

플라테카르푸스
【*Platecarpus tympaniticus*】

백악기의 바다

분류	파충류, 인룡류, 모사사우루스류
산출지	미국
전체 길이	6m

백악기
약 1억 4,500만 년 전~약 6,600만 년 전

옆면

앞면

"오호, 오늘은 웬일로 모사사우루스류가 있네."

새벽 어시장. 냉동 참치 옆에 해양 파충류 한 마리가 나란히 진열되어 있다.

이 해양 파충류의 이름은 플라테카르푸스 팀파니티쿠스(*Platecarpus tympaniticus*)이다. '모사사우루스류'에 속한다.

한 중개인의 입에서 새어 나온 한마디에 다른 중개인들이 몰려들었다. 모사사우루스류가 어부한테 걸리는 건 상당히 드문 일이다. 어떤 중개인은 지난번 경매는 어땠는지 기억을 더듬고, 어떤 중개인은 본사에 전화를 걸기 위해 자리를 뜨기도 한다.

'모사사우루스류'는 영화 〈쥬라기 월드〉 시리즈를 통해 일약 유명해졌다. 특히 2015년에 개봉한 1편에서는 스토리를 구성하는 데 큰 역할을 담당했다. 그 거대한 덩치를 인상적으로 받아들였던 사람도 적지 않을 것이다.

무엇보다 영화 속의 모사사우루스류는 과연 영화답게 크기가 상당히 과장되어 있었다. 모사사우루스류의 최대종은 전체 길이가 16m 정도였을 것으로 추정된다. 그리고 10m 이하인 모사사우루스류도 상당히 많다. 플라테카르푸스도 그런 중형종 중 하나다.

방송국에서도 몰려왔다. 이 플라테카르푸스는 오늘 경매에서 가장 뜨거운 주목을 받을 것 같다.

에우보스트리코케라스

【*Eubostrychoceras japonicum*】

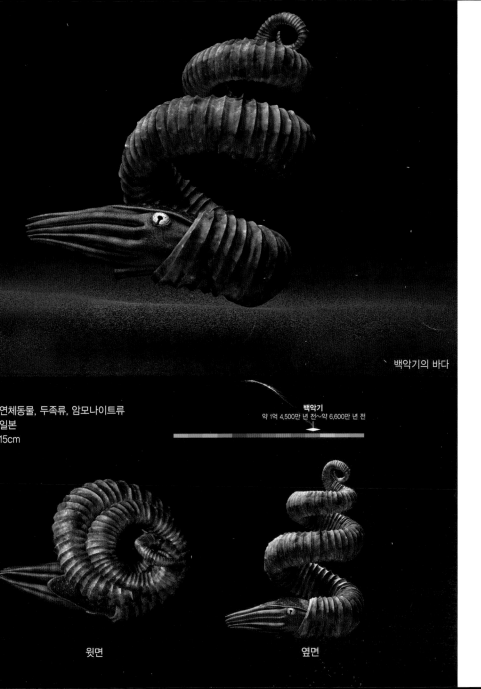

백악기의 바다

연체동물, 두족류, 암모나이트류
일본
15cm

백악기
약 1억 4,500만 년 전~약 6,600만 년 전

윗면　　　　　　　　　　　　옆면

이런 경험은 없었는지?

와인 코르크 마개를 열기 위해 스크류를 가져오려다가 그만 에우보스트리코케라스 자포니쿰(*Eubostrychoceras japonicum*)까지 챙기고만 그런 경험….

"아, 그럴 수 있지."

암모나이트를 좋아하고 와인도 좋아한다면 한 번쯤은 이런 경험이 있을 것이다. 뭐 둘 다 빙글빙글 나선형이니까.

"응? 암모나이트?"

이런 의문을 갖는 분이 있을지도 모르겠다.

에우보스트리코케라스는 생긴 건 이래도 암모나이트류이다. '이형 암모나이트'라 불리는 것들 중 하나인데, '이형'이라고는 하나 유전적인 이상이나 질병으로 인한 변형, 혹은 진화의 막다른 골목을 의미하는 것은 아니다. 어디까지나 널리 알려진 대로 '껍데기가 평면 나선형으로 돌돌 감긴 암모나이트' (정상의 암모나이트)가 아닐 뿐이다. (이 책에 정상돌기 암모나이트는 수록하지 않았다…. 종 선정이 어렵기도 했지만 솔직히 완전히 기획 단계부터 실수였다. 죄송하게 생각한다).

언뜻 보면 신기해 보이는 에우보스트리코케라스. 하지만 더 신기하게 생긴 암모나이트가 바로 다음에 기다리고 있다. 어떤 연구에 따르면 에우보스트리코케라스와 다음에 소개하는 암모나이트는 에우보스트리코케라스가 선조인 조상과 후손의 관계라고 한다.

니포니테스

【Nipponites mirabilis】

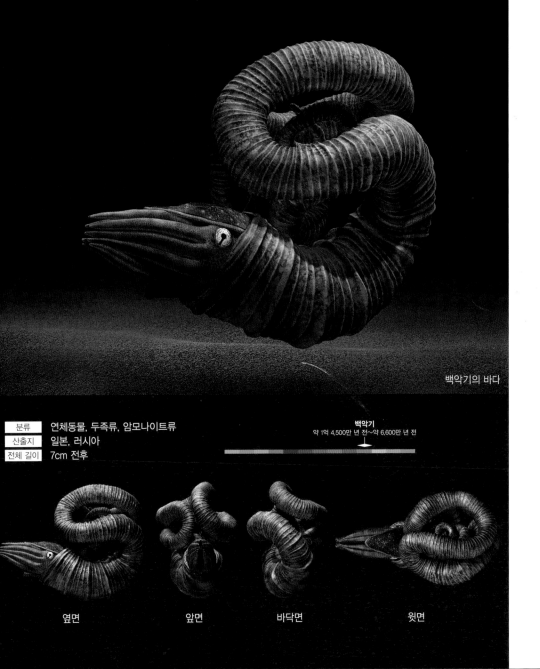

백악기의 바다

분류	연체동물, 두족류, 암모나이트류
산출지	일본, 러시아
전체 길이	7cm 전후

백악기
약 1억 4,500만 년 전~약 6,600만 년 전

옆면　　　　　앞면　　　　　바닥면　　　　　윗면

일본을 대표하는 고생물을 하나만 고른다면?

그건 역시 이 녀석일 것이다. 니포니테스 미라빌리스(*Nipponites mirabilis*). 암모나이트이다.

어쨌든 이름부터가 일본을 대표한다. '*Nipponites*'는 '일본의 화석'이라는 의미다. 일본고생물학회의 심벌마크이고, 2018년부터는 이 암모나이트가 신속신종(新屬新種)으로 명명된 10월 15일을 '일본 화석의 날'로 정했을 정도다.

'*mirabilis*'에는 '놀라운'이라는 의미가 있다. 이 단어에서 알 수 있듯이 니포니테스는 아무리 점잖게 표현한다 해도 특이하다고 할 수 있다. 껍데기가 뱀이 복잡하게 똬리를 튼 것 같은 형상이다. 니포니테스 역시 '이형 암모나이트'라 불리는 것의 일종이다. 그런데 언뜻 보아 복잡하고 기묘하게 말린 이 형상은 수식으로 표현할 수 있다. 즉, 규칙성이 있는 것이다. 또한 이 수식을 사용해 시뮬레이션을 한 결과, 니포니테스는 174쪽 에우보스트리코케라스의 후손이라는 의견이 제기되었다. 수식을 '조금만 변형'하면 돌돌 말린 형태가 에우보스트리코케라스에서 니포니테스로 바뀐다고 한다. 지금까지 보고된 바에 따르면 니포니테스는 백악기의 북서태평양(오늘날의 홋카이도)에서 번영했던 암모나이트이다.

일본 대표에게는 일본적인 풍경이 잘 어울린다. 차 가마에서 물을 뜨니 니포니테스가 따라 올라왔다. 이런 일이 있다면 재미있겠는데…(찻물 온도에 주의하지 않으면 '삶은 니포'가 될지도 모르지만).

우인타크리누스

【*Uintacrinus socialis*】

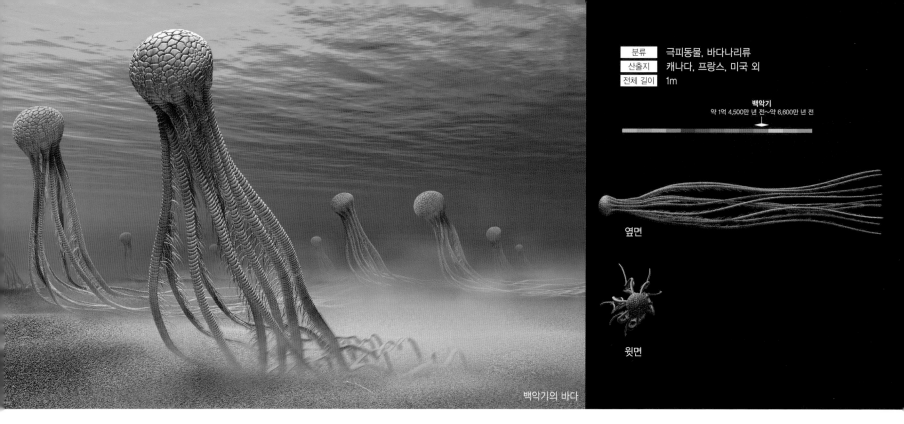

분류	극피동물, 바다나리류
산출지	캐나다, 프랑스, 미국 외
전체 길이	1m

백악기
약 1억 4,500만 년 전~약 6,600만 년 전

옆면

윗면

백악기의 바다

"와아……!"

아이가 환호성을 지르며 신나게 달리고 있다. 손에 쥔 막대 끝에는 갈래 깃발이 펄럭인다. 아이가 빨리 달릴수록 깃발은 바람을 맞아 수평으로….

…….

…….

……깃발?

아니, 아니다. 어디서 어떻게 잘못된 걸까? 막대 끝에 매여 있는 것은 깃발이 아니다. 이것은 바다나리류인 우인타크리누스 소키알리스(*Uintacrinus socialis*)이다.

바다나리류는 그 이름에서 알 수 있듯 원래는 해양 생물이다. 하지만 이름과는 반대로 나리(식물)가 아니라 동물이다. 불가사리나 성게와 같은 극피동물(棘皮動物)이며 고생대에 크게 번성했다. 중생대 이후에도 서식했고 오늘날의 심해에서도 그 모습을 확인할 수는 있는데, 고생대에 비하면 개체와 종의 수가 압도적으로 적다.

우인타크리누스는 이런 '귀한' 백악기 바다나리의 일종이다. 대부분의 바다나리가 '자루' '악부(顎部)' '팔'로 구성되는데 반해, 우인타크리누스는 줄기가 없고 팔이 길다는 점이 특징이다.

우인타크리누스의 화석은 여러 개체가 무더기로 발견되는 것으로 유명하다. 1m²당 50개의 개체가 모여 있는 예도 흔하다고 한다. 생태는 아직 베일에 싸여 있다. 물속에 갓 부분만 둥둥 뜨게 하며 서식했을 거라는 견해가 있다.

닉토사우루스

【*Nyctosaurus gracilis*】

백악기의 하늘

분류	파충류, 익룡류
산출지	미국
전체 길이	70cm 이상

백악기
약 1억 4,500만 년 전~약 6,600만 년 전

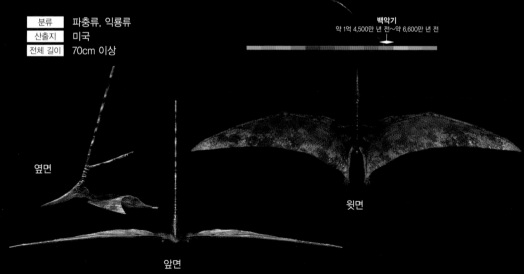

옆면

앞면

윗면

난간에 머리를 기대고 쉬고 있자니 깜박 잠이 들었다. 그리고 눈을 떠보니…, 참새 떼에 둘러싸여 있네.

"음, 어쩌지?"

익룡류인 닉토사우루스 그라킬리스(*Nyctosaurus gracilis*)의 일상의 한 장면. 모처럼 참새들이 편하게 휴식 중인데 내가 움직여도 괜찮을까? 닉토사우루스의 이런 고민이 들리는 듯하다.

머리가 큰 익룡류 중에는 종에 따라 다양한 모양의 볏을 갖는 것들이 있다. 닉토사우루스의 볏도 독특해서 알파벳의 'Y'자 모양이다. 두 갈래로 곧게 뻗은 두 개의 '축'은 하나는 길고 하나는 짧다. 긴 축은 볏의 시작점부터 측정해 70cm가 넘는다고 한다. 한편 짧은 축은 수평 방향으로 뻗어 있고 참새 같은 작은 새들이 쉬기에 알맞은 굵기였다.

이렇게 볏이 길면 150쪽에서 소개한 투판닥틸루스처럼 볏을 심으로 한 피막이 있지 않을까 싶기도 할 것이다. 하지만 닉토사우루스는 그런 피막이 전혀 발견되지 않고 있다.

지금까지 보고된 바에 따르면 닉토사우루스는 190쪽에서 소개할 프테라노돈과 어깨를 나란히 하는 백악기의 미국을 대표하는 익룡류이다. 비행 능력이 뛰어났고 상당히 먼 바다까지 (그리고 육지로 돌아오는) 비행이 가능했을 것으로 추정된다.

후타바사우루스

【*Futabasaurus suzukii*】

백악기의 바다

분류	파충류, 수장룡류
산출지	일본
전체 길이	6.4~9.2m

백악기
약 1억 4,500만 년 전~약 6,600만 년 전

윗면

앞면

옆면

이 고생물은 '늪'이 잘 어울린다.

아니, 지금까지 연구된 바에 따르면 이 종의 서식 영역은 '바다'이므로 실제로는 맞지 않다.

그래도 역시 늪이 잘 어울린다.

이름은 후타바사우루스 스즈키아이(*Futabasaurus suzukii*). '후타바스즈키룡'이라는 일본식 이름으로 알려진, 일본을 대표하는 고생물이다.

안쪽으로 보트를 저어가려 하는데 찰싹 붙어 장난을 친다. 후타바사우루스를 방목하는 늪에 가면 이런 경험을 할 수 있을지 모르겠다. "공은 가져왔지?"라고 말하듯 같이 놀자며 다가온다. 잘못하면 보트를 가라앉힐 것 같지만 악의는 없다.

후타바사우루스가 일본에서 특별한 지명도를 갖는 이유는 이 공룡이 발견되고 인기를 끌게 된 역사에 있다. 당시 고등학생이던 스즈키 타다시가 후쿠시마현의 후타바 지층에서 이 화석을 발견한 것은 1968년의 일이다. 전후 일본에서 공식적으로 처음 공룡 화석이 발견되기보다 10년이나 앞선 까닭에 큰 관심을 끌었다. 이후 1980년에 방영된 애니메이션 〈도라에몽: 진구의 공룡대탐험〉에서 그 사랑스러운 모습이 등장했고, 2006년에는 리메이크판도 방영되었다. 그리고 같은 해 학명도 부여되었다. 후타바사우루스라는 이름은 적당한 간격을 두고 미디어에 노출되면서 다른 여러 세대로 널리 알려지게 되었다(앞에서 이야기한 늪과 공 얘기가 이해되지 않는 분은 도라에몽을 보시라).

아아, 피스케….

크시팍티누스

【Xiphactinus audax】

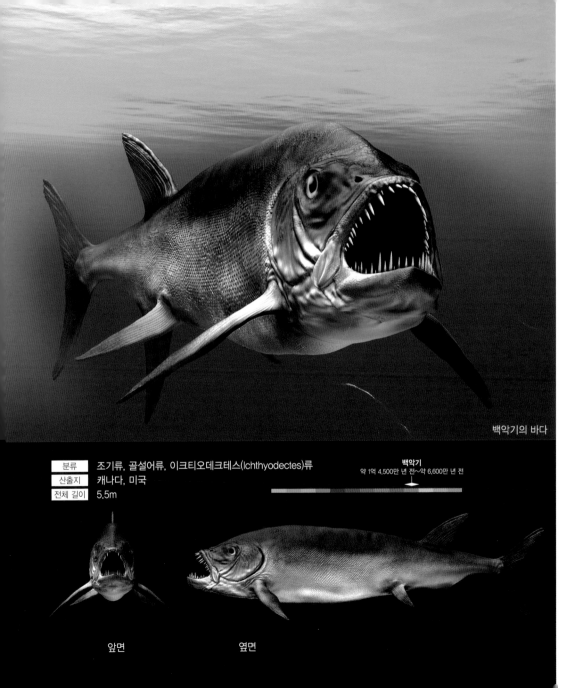

백악기의 바다

분류	조기류, 골설어류, 이크티오데크테스(Ichthyodectes)류
산출지	캐나다, 미국
전체 길이	5.5m

백악기
약 1억 4,500만 년 전~약 6,600만 년 전

앞면　　　　　옆면

　　백상아리 같은 난폭한 대형 상어류를 관찰하기 위해 금속 케이지 안에 들어가 바닷속으로 내려간다. 이런 장면을 본 사람도 있을 것이다.

　　하지만 백상아리를 관찰할 생각이었는데 본 적도 없는 대형 물고기가 나타났다면…. 그건 행운일지도 모르고, 불행일지도 모른다.

　　다이버들 앞에 모습을 드러낸 것은 크시팍티누스 아우닥스(Xiphactinus audax). 묘하게 주걱턱 느낌이 드는 아래턱과 날카롭고 커다란 이빨이 녀석의 특징이다.

　　이런 물고기를 봤다면 무조건 곧장 케이지 안으로 들어갈 것. 크시팍티누스는 꼬리지느러미가 발달했고, 고속으로 헤엄칠 수 있었다. 멍청하게 있다가는 당신의 목숨이 위험하다.

　　어서, 도망쳐 도망치라고!

　　하지만 케이지 안에 있다고 해서 꼭 안전하다고는 할 수 없다. 아무튼 크시팍티누스는 생명의 역사에서 난폭하기로 악명이 높다. 가까운 그룹의 물고기를 통째로 삼킨 표본이 발견된 적도 있다.

　　지금까지 보고된 바로는 크시팍티누스는 백악기의 북아메리카 대륙을 동서로 이등분 하듯 남북으로 좁고 길게 존재했던 바다인 '서부 내해(western interior seaway)'에 서식했다.

　　현재 크시팍티누스가 백악기보다 후대에도 살았다는 예는 나온 바 없다. 그렇다면… 안심해도 좋을까.

하보로테우티스

【*Haboroteuthis poseidon*】

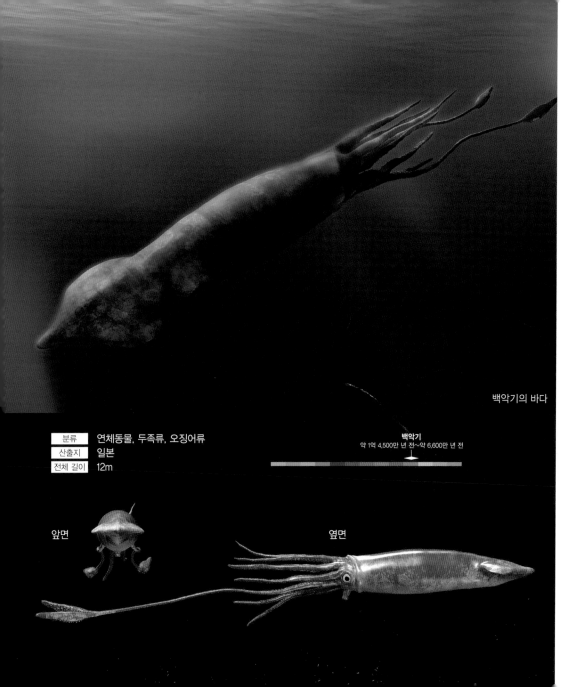

봄 하늘에 고이노보리(일본에서 남자아이의 성장을 상징하는 잉어 모양 깃발로 어린이날인 5월 5일에 장대에 높이 매단다-옮긴이). 일본의 전통적인 풍경이다. 그런데 뭔가 이상하다. 빨강은 엄마, 검정은 아빠…. 응? 이렇게 생긴 잉어는 없는데…. 아니, 잉어가 아니잖아!

오징어, 그것도 아주 큰 오징어가 헤엄을 치고 있다.

'이게 소문으로만 듣던 대왕오징어인가?'

분명 크기는 대왕오징어급인데 대왕오징어라고 알려진 아르키테우티스 둑스(*Architeuthis dux*)는 아니다. 이 오징어는 하보로테우티스 포세이돈(*Haboroteuthis poseidon*)이다. '바다의 신'이란 이름을 가진 대형종이다. 참고로 애칭은 '하보로 대왕오징어'. '하보로'는 화석이 발견된 홋카이도의 하보로초(羽幌町)를 의미한다.

지금까지 보고된 바로는 하보로테우티스는 백악기의 홋카이도(당시는 해저)에 서식했다. 오징어는 연체동물이고 말 그대로 온몸이 연하다. 그래서 화석으로 남기 어렵지만 그래도 단단한 부위도 있다. 바로 '턱'이다. 술안주로 유명한 '오징어 입'(음주는 만 19세부터) 부위다.

하보로테우티스는 턱의 화석이 발견되고 있다. 전체 길이는 턱 화석에 근거한 추정치이다.

백악기의 바다

분류	연체동물, 두족류, 오징어류
산출지	일본
전체 길이	12m

백악기
약 1억 4,500만 년 전~약 6,600만 년 전

앞면

옆면

헤스페로르니스

【*Hesperornis regalis*】

백악기의 바다

분류	조류
산출지	캐나다, 미국
전체 길이	1.5m

백악기
약 1억 4,500만 년 전~약 6,600만 년 전

윗면

앞면

옆면

당신의 가정에서는 아이에게 어떻게 수영을 가르쳤는지?

우리 집에서는 딸아이의 수영 연습에 헤스페로르니스 리갈리스(*Hesperornis regalis*)의 힘을 빌렸다. 수영에 능한 이 새는 가족의 일원이다. 딸은 헤스페로르니스를 따라잡고 싶어 시간 가는 줄도 모르고 수영을 배웠다.

지금까지 보고된 바에 따르면 헤스페로르니스는 백악기 후기 중반, 북아메리카 대륙을 동서로 나누듯 존재했던 좁고 긴 바다인 '서부 내해'에 서식했다. 날개가 없는 헤스페로르니스는 지금으로 말하면 펭귄처럼(펭귄은 날개가 있지만) 수중 생활에 특화된 조류였던 것으로 추정된다. 실제로 헤스페로르니스의 화석은 당시의 해안선으로부터 300km 이상이나 떨어진 먼바다였던 장소에서 발견된다고 한다.

전체 길이 1.5m는 오늘날의 조류에 비하면 상당한 크기다. 실제로 이처럼 주로 수중 생활을 하는 오늘날의 펭귄류 중에 1.5m인 종은 한정적이다. 하지만 크다고 해서 '지위'가 높았던 것은 아니고, 오히려 서부내해에 살던 대형 포식자들에게 좋은 먹잇감이 되었던 듯하다. 모사사우루스류나 상어류 화석의 위(胃) 부분에서는 헤스페로르니스의 일부 조각이 화석으로 발견되고 있다.

아, 다른 헤스페로르니스는 만지지 마시기를. 이 새의 부리에는 이빨이 있으므로 주의해야 한다.

프테라노돈

【*Pteranodon longiceps*】

백악기의 하늘

백악기
약 1억 4,500만 년 전~약 6,600만 년 전

옆면

윗면

'익룡'하면 가장 유명한 종은 아마도 프테라노돈 롱기켑스(*Pteranodon longiceps*)이다. 아마 익룡류의 대표 종이라 해도 과언이 아닐 것이다.

프테라노돈의 화석은 해안에서 멀리 떨어진 먼 바다에서 형성된 지층에서 발견되는 경우가 많은데 대부분 성숙한 개체라고 한다. 이런 사실에서 성숙한 프테라노돈은 상당히 먼 거리를 비행한 것으로 추정할 수 있다. 그 커다란 날개로 능숙하게 바람을 맞으며 날았던 모양이다.

바람을 맞으며 날았다면 이륙 장소는 높은 곳이 좋았을 것이다.

만약 녀석들이 현대에도 살고 있다면 고층 빌딩의 옥상은 이륙하기에 최적의 장소일지 모른다. 옥상에 가려면 상승 기류를 포착하는 게 중요하지만 현대 사회에는 문명의 이기인 '엘리베이터'가 있다!

"올라가십니까? 타세요."

장거리 비행을 마치고 돌아온 프테라노돈이 엘리베이터를 탄다면…. 날개를 있는 대로 접으면 간신히 탈 수 있을까?

지금까지 확인된 프테라노돈 롱기켑스 개체 중에서 가장 큰 것은 날개를 펼쳤을 때 7m인 것도 있다. 후두부의 볏은 그다지 발달하지 않았고, 전체 길이가 4m 정도인 작은 개체의 화석도 다수 발견되고 있다. 어쩌면 작은 개체의 경우는 성별이 다른 것(성적이형[性的異形])이 아니었을까 추정되기도 한다. 볏이 큰 개체가 수컷이라면 작은 개체는 암컷이라는 식으로 말이다.

191

벨로키랍토르

【*Velociraptor mongoliensis*】

분류	파충류, 공룡류, 용반류, 수각류
산출지	몽골
전체 길이	2.5m

백악기
약 1억 4,500만 년 전~약 6,600만 년 전

옆면

앞면

백악기의 육지

"제발 부탁이니까 방해 좀 하지 말아 줘. 뭐? 샤워도 했으니 깨끗해서 괜찮다고? 그런 문제가 아니잖아. 얌전히 좀 있으라고."

흥미진진한 표정으로 요리사를 보고 있는 두 마리의 공룡이 있다. 벨로키랍토르 몽골리엔시스(*Velociraptor mongoliensis*)이다. 전체 길이 2.1m~2.5m, 무게 20~25kg, 키는 50~60cm 정도인 소형 육식 공룡이다.

벨로키랍토르가 주방에…. 이 말만 들어도 자기

도 모르게 입 꼬리가 올라가는 공룡 팬도 많을 것이다. '주방의 랍토르' 하면 영화 〈쥐라기 공원〉(1993년 개봉)을 떠올릴 법하다. 렉스와 티미 남매를 두 마리의 랍토르가 쫓는다. 무대가 바로 아무도 없는 주방이었다.

응? 그런데 영화에 비하면 이 녀석들은 너무 작은데? 벌써 30년 전 영화라 내 기억이 틀렸나?

사실 작품에 등장하는 '랍토르'의 모델은 '벨로키랍토르'가 아니다. 더 큰 근연종으로 북아메리카에

서 화석이 발견되고 있는 데이노니쿠스가 모델이다. 158쪽과 비교해보자. 어느 쪽이 '랍토르'에 더 가까울까? 그건 그렇고 영화의 모든 시리즈에서 '랍토르'라는 호칭을 사용하고 있어서 보는 이를 헷갈리게 한다.

그래도 가볍고 민첩하며 무서운 사냥꾼이라는 점은 별반 다르지 않다. 요리사님, 너무 기다리게 하지 말고 뭐라도 먹이를 주는 게 좋을 것 같군요.

프로토케랍토스

【Protoceratops andrewsi】

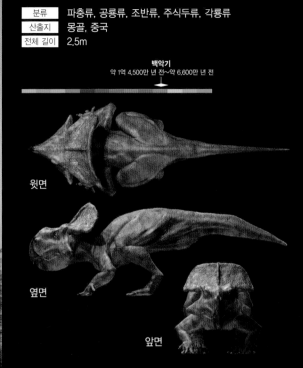

분류	파충류, 공룡류, 조반류, 주식두류, 각룡류
산출지	몽골, 중국
전체 길이	2.5m

백악기
약 1억 4,500만 년 전~약 6,600만 년 전

윗면

옆면

앞면

백악기의 육지

같이 살 공룡을 선택해야 한다면 어떤 공룡이 좋을까? 첫눈에 '공룡이다' 하고 알 수 있어야 하고(이게 중요하다), 어느 정도 커야 하며, 아이와 '둘만' 두어도 안심할 수 있는 공룡….

이런 조건에 맞는 공룡을 찾는다면 프로토케랍토스 안드레우스아이(*Protoceratops andrewsi*)가 하나의 답이 될지 모르겠다.

'각룡류'에 속하는 이 공룡은 커다란 프릴 장식이 있고 네 다리로 걷는 공룡으로, 아마도 공룡을 잘 모르는 사람이 보아도 공룡임을 알 수 있을 것이다. 각룡류는 모든 공룡 가운데 가장 유명한 트리케라톱스(246쪽 참조)가 대표적인 그룹이다.

크기는 보는 바와 같다. '공룡은 크다'는 이미지를 가지고 있는 분들도 이 정도 크기라면 이해해 줄 것이다(생각보다 작다고 할지도 모르지만).

초식이기 때문에 잡아먹으려고 급습할 가능성은 낮다. 적어도 어린 프로토케랍토스는 무리지어 생활했을 가능성이 있다. 즉, 집단생활 경험이 있을지도 모른다는 얘기다. 이는 '가정교육'이라는 점에서 봐도 큰 매력 포인트일 것이다.

자, 예를 들면 이런 생활이 당신을 기다리고 있을지도 모른다. 침대에서 쉬고 있는 프로토케랍토스에 기댄 듯한 자세로 아이가 그림책을 읽는 흐뭇한 풍경. 한 집에 한 마리의 프로토케랍토스는 어떨까?

오비랍토르

【Oviraptor philoceratops】

백악기의 육지

분류	파충류, 공룡류, 용반류, 수각류
산출지	몽골
전체 길이	1.6m

백악기
약 1억 4,500만 년 전~약 6,600만 년 전

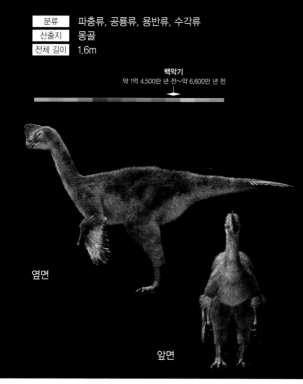

옆면

앞면

 핼러윈. 본고장인 미국에서는 추수감사절에 맞춰 분장을 한 아이들이 'Trick or Treat'을 외치며 이웃집을 방문해 과자를 요구한다.

 걷다 지친 아이들이 쉬고 있는데, 한 마리의 공룡이 다가왔다.

 아이들이 받은 과자를 노리는 걸까?

 음, 아이들 앞에 얌전히 앉았다. 이 공룡의 이름은 오비랍토르 필로케라톱스(*Oviraptor philoceratops*).

 '오비랍토르'는 '알 도둑'이라는 뜻이다.

 응? 이렇게 위험한 이름을 가진 공룡이 우리 아이들한테 가까이 가게 할 수는 없다!?

 보호자 여러분 중에는 이런 생각에 바로 이 공룡을 쫓아내려고 하는 분들이 있을 것 같다.

 하지만 안심하시기를. 그건 오해다.

 분명 오비랍토르의 화석은 당초에 프로토케라톱스(194쪽)의 알이 즐비한 둥지 가까이에서 발견되었고, 그래서 '알 도둑'이라는 이름을 얻었다. 하지만 훗날의 연구에서 이 둥지는 사실 오비랍토르의 것이고, 자신의 알을 품고 있었다는 사실이 밝혀졌다.

 만일 알을 품는 시기에 다가간다면 위험할 것이다. 오비랍토르도 자식을 지키기 위해 예민해져 있을 가능성이 높으니까. 하지만 이번처럼 오비랍토르가 다가온다면…. 이후의 대응은 아이들한테 맡기는 게 교육적으로도 좋을 것이다.

야르켈론
【*Archelon ischyros*】

백악기의 바다

분류	파충류, 거북류
산출지	미국
전체 길이	2.2m

백악기
약 1억 4,500만 년 전~약 6,600만 년 전

앞면   옆면

풀장에 들어갈 때는 풀장 바닥을 잘 봐야 한다. 왜냐하면 거대 거북인 아르켈론 이스키로스(*Archelon ischyros*)가 잠복하고 있을지도 모르기 때문이다.

아르켈론은 기본적으로 '사상 최대 거북'으로 알려져 있다. 1896년에 이 화석이 처음 발견된 뒤로 100년 이상의 시간이 흘렀지만 아르켈론보다 더 큰 거북의 화석이나 현재 살아있는 거북의 종은 보고되지 않고 있다.

당시 북아메리카 대륙은 동서로 이등분 하듯 멕시코만부터 북쪽을 향해 좁고 긴 바다가 자리하고 있었다. '서부내해'라 불리는 이 바다는 수많은 생명을 키워낸 것으로 유명하며, 현재는 바다였던 그곳에서 다양한 해양 생물의 화석이 발견되고 있다. 아르켈론의 화석은 그 중 하나다.

다만 아르켈론의 화석은 과거 서부내해였던 지역 이외에서는 보고되지 않고 있다. 대부분의 바다거북은 분포 영역이 넓은데 아르켈론은 서식 영역이 한정되어 있었던 것이다. 수영 실력이 그다지 뛰어나지 않았다는 견해도 있다. 아르켈론을 풀장에서 키울 때는 풀장 규모가 좀 더 커야 할 것이다.

리트로낙스

【Lythronax argestes】

백악기의 물가

분류	파충류, 공룡류, 용반류, 수각류, 티라노사우루스류
산출지	미국
전체 길이	7.5m

백악기
약 1억 4,500만 년 전~약 6,600만 년 전

옆면

앞면

"자, 너희를 어떻게 홍보할까."

사무실에서는 리트로낙스 아르게스테스(Lythro-nax argestes)를 초대해 프로모션 협상이 진행 중이다. 공포와 난폭의 대명사라고도 할 수 있는 티라노사우루스류. 인류 사회가 받아들이게 하려면 어떤 판매 전략을 생각해볼 수 있을까? 지금까지 연구된 리트로낙스는 분명 티라노사우루스류로 분류되는 부류치고는 미국에서 가장 오래된 종이다(어디

까지나 이 책의 집필 시점까지 알려진 정보에 근거해서). 등장은 지금으로부터 약 8,000만 년 전의 일이다. 잘 알려진 티라노사우루스(248쪽)보다도 약 1,000만 년 더 빠르다.

전체 길이가 7.5m인 리트로낙스는 티라노사우루스류치고 결코 크지 않다(5m라는 견해도 있다). 티라노사우루스는 물론 타르보사우루스(216쪽)나 유티라누스(146쪽) 등과 비교하면 상대적으로 작다. 절

대적으로 작다는 것은 아니고 구안롱(88쪽)이나 딜롱(130쪽)보다는 크다. 크지도 않고 작지도 않은 티라노사우루스류인 리트로낙스. 단, 머리뼈는 진화한 대형 티라노사우루스류인 티라노사우루스나 타르보사우루스와 아주 흡사했다. 머리뼈가 넓적하고 길쭉한 티라노사우루스류는 리트로낙스 이후로 점점 번성해갔다.

파라사우롤로푸스

【*Parasaurolophus walkeri*】

백악기의 숲

분류	파충류, 공룡류, 조반류, 조각류
산출지	미국, 캐나다
전체 길이	7.5m

백악기
약 1억 4,500만 년 전~약 6,600만 년 전

앞면　　　　옆면

"오늘 밤, 멋진 저음을 들려드리기 위해 '그분'이 오셨습니다. 조각류(鳥脚類)이신 파라사우롤로푸스 왈케르아이(*Parasaurolophus walkeri*) 씨를 소개합니다."

인간 세 명과 동물 한 마리의 합주가 시작되었다. 당신의 귀에는 어떤 소리가 전해질까?

만약 대다수 공룡류가 현대에 부활해 높은 지능으로 인간과 함께 문화 활동을 하는 세상이 온다면 파라사우롤로푸스야말로 훌륭한 객원 연주자가 될 것임에 틀림없다. 이 공룡은 머리에 1m가 넘는 좁고 긴 볏이 있는데 내부가 비공으로 이어진 빈 공간이었다. 그런데 이 빈 공간으로 공기를 통과시켜서 오보에와 같은 저음을 낼 수 있었다는 사실이 밝혀졌다.

파라사우롤로푸스는 이 책에서 소개하고 있는 공룡들 중 230쪽에서 소개할 에도몬토사우루스와 가까운 부류로, 거의 같은 시기에 같은 지역에서 서식했다. 그들은 '하드로사우루스류'에 속하는데 이 하드로사우루스류가 바로 백악기 말에 전 세계적으로 크게 번성했던 초식 공룡이다.

하드로사우루스류는 '협의의 하드로사우루스류'와 람베오사우루스류라는 두 개의 그룹으로 나눌 수 있다. 에도몬토사우루스는 전자의 대표이고, 파라사우롤로푸스는 후자의 대표이다. 두 그룹은 몸 크기가 크게 다르지는 않지만, 보는 바와 같이 후자의 머리에는 어떤 형태로든 '볏'이 있는 게 큰 특징이다.

데이노수쿠스

【*Deinosuchus riograndensis*】

백악기의 물가

분류	파충류, 악어류
산출지	미국, 멕시코
전체 길이	12m

백악기
약 1억 4,500만 년 전~약 6,600만 년 전

윗면

앞면

옆면

"이 길은 안 돼. 차량은 통행금지야."

"왜냐고? 그건, 보면 알 거 아냐. 데이노수쿠스 리오그란덴시스(*Deinosuchus riograndensis*)가 길을 건너고 있잖아. 자자, 녀석을 자극하기 전에 다른 길로 가자. 돌아서 가자고."

신호는 모두 빨간불. 모든 차도가 봉쇄되어 있다.

분명히 데이노수쿠스가 길을 건너고 있다면 자극이 문제가 아니라 애초에 물리적으로 차량 통행이 불가능하다.

데이노수쿠스 리오그란덴시스는 악어류 중 손꼽히는 거대종이다. 12m라는 크기는 공룡류로 말하면 티라노사우루스와 맞먹는다(248쪽 참조).

그런데 왜 이 정도까지 크기가 커졌을까?

그 이유 중 하나로 '장수'했다는 사실을 들 수 있다. 이 개체의 뼈에 남은 나이테를 세어보니 놀랍게도 50세가 넘었다고 한다. '50세' 이상이라는 나이는 공룡류나 다른 악어류와 비교해도 상당히 늙었다. 게다가 50년 가운데 35년은 성장기이고, 성장기가 끝난 후에도 조금씩 자랐다고 한다.

지금까지 보고된 바에 따르면 데이노수쿠스는 공룡시대를 대표하는 '거대 악어'이며, 공룡류를 공격한 증거도 발견되고 있다.

캄프소사우루스

【*Champsosaurus natator*】

백악기의 물가

분류	파충류, 코리스토데라(Choristodera)류
산출지	미국, 캐나다
전체 길이	1.5m

백악기
약 1억 4,500만 년 전~약 6,600만 년 전

윗면

앞면   옆면

"역시 너한테는 이 모양이 어울려."

여성이 그리는 하트 모양. 수줍은 듯한 눈빛의 이 동물은 언뜻 보면 악어 같지만 사실은 악어가 아니다.

이름은 캄프소사우루스 나타토르(*Champsosaurus natator*). 아는 사람은 아는 파충류 그룹인 '코리스토데라'의 대표종이다.

물론 악어처럼 보이는 이 동물이 악어와 다른 점은 여럿 있다. 그중 하나가 후두부의 형태인데 위에서 바라본 코리스토데라류의 후두부는 하트 모양이다.

그렇다. 이 여성은 캄프소사우루스의 후두부를 그리고 있을 뿐, 사랑을 속삭이고 있는 게 아니다(그러니까 수줍어하지 말라고).

지금까지 밝혀진 코리스토데라류는 쥐라기 중기에 등장해 백악기, 신생대의 고제3기(古第三紀)와 신제3기(新第三紀)까지 상당히 장수한 그룹이다. 캄프소사우루스 나타토르는 백악기로 한정되지만 캄프소사우루스속을 봤을 때는 고제3기에 살았던 종도 존재한다.

이렇게 오래 사는 종이지만 코리스토데라류 자체는 수수께끼투성이다. 발견되는 표본도 적고 계통상의 위치도 그다지 밝혀진 바가 없다.

만약 야생의 코리스토데라류를 발견한다면 사랑이든 뭐든 다 주며 일단 관심을 끌고, 그 틈에 얼른 관련 연구기관에 연락하기를.

사이카니아

【Saichania chulsanensis】

table

분류	파충류, 공룡류, 조반류, 장순류, 곡룡류
산출지	몽골
전체 길이	5m

백악기
약 1억 4,500만 년 전~약 6,600만 년 전

윗면

옆면

앞면

백악기의 육지

음, 요즘은 '주룡(駐龍)요금'이 얼마지?

곡룡류는 다른 공룡류에 비해 무게중심이 낮아 안정적이다. 같이 걷기도 좋고 피곤하면 등에 올라탈 수도 있다. '동네 산책 친구로 안성맞춤'이라는 광고도 하고 있으니 아마 당신도 알고 있겠지만.

분명 전체 길이에 비해 높이가 낮기 때문에 느긋한 산책에는 이만큼 적격인 공룡도 없을지 모른다.

하지만 폭이 꽤 넓기 때문에 가게나 주택 안으로 들어가지 못하는 경우가 많다. 그럴 때는 근처에서 기다릴 수 있는 '주차장'이 필요하다.

일반적으로 주차장에는 대형 불가, 소형 전용과 같은 이런저런 제약이 있는데 사이카니아 쿨사넨시스(Saichania chulsanensis)의 경우는 일반 차량 정도의 공간만 있으면 된다. 주차… 아니, 주룡요금도 일반 차량과 다르지 않다. '모르는 사람은 따라가지 말 것.' '모르는 사람이 주는 먹이는 먹지 말 것.' '깨

물거나 꼬리를 흔들어 옆 차량에 상처를 내지 말 것.' 등등 다양한 훈련이 필요하지만(이는 모든 '산책용 공룡'에 해당), 이런 훈련만 잘 받으면 거리를 함께 다니는 데 지장은 없을 것이다.

그런데 여기서 이 종을 '사이카니아 쿨사넨시스'라는 이름으로 소개했는데, 학계에서는 다른 종일 가능성도 제기되고 있다. 이 종을 구입하려는 분은 최신 정보를 확인하기 바란다.

데이노케이루스
【*Deinocheirus mirificus*】

백악기의 육지

분류	파충류, 공룡류, 용반류, 수각류
산출지	몽골
전체 길이	11m

백악기
약 1억 4,500만 년 전~약 6,600만 년 전

앞면　　　옆면

커다란 공룡이 골목길에서 느릿느릿 걸어 나왔다. 2층 창문을 통해 집 안을 들여다볼 수 있을 만큼 큰 키, 긴 팔, 봉긋하게 솟은 등. 아슬아슬 빨래에 닿을 것만 같은 이 공룡의 이름은 데이노케이루스 미리피쿠스(Deinocheirus mirificus)이다.

'데이노케이루스'는 '무서운 손'을 의미한다. 그 이름처럼 2.4m에 달하는 긴 팔과 손은 이 공룡의 큰 특징 중 하나다. 1960년대에 긴 팔이 발견된 이후 20세기 동안에는 다른 부위가 발견되지 않았다. 때문에 데이노케이루스는 과거 '20세기 최대의 수수께끼'라고도 불렸다. 학술논문을 통해 그 모습이 간신히 밝혀진 것은 2014년의 일이다.

11m라는 수치는 티라노사우루스(248쪽)에 육박하는 거구다. 이렇게 대형종이기는 하지만 데이노케이루스는 '오르니토미모사우루스류(Ornithomimo-sauria)'로 분류된다. 이 그룹에는 212쪽의 갈리미무스나 242쪽의 오르니토미무스가 속한다. 애초에 '오르니토미모사우루스류'의 공룡들은 '타조 공룡'이라고도 불려 달리기가 빠른 것으로 알려져 있다. 하지만 데이노케이루스는 같은 오르니토미모사우루스류라 해도 '빠른'의 '빠' 자도 떠오르지 않을 법한 외형이다. 전신이 재현·복원되면서 '최대의 수수께끼'라는 간판은 뗐지만 아직 베일에 싸여 있는 공룡임은 확실하다. 이렇게 골목길에서 마주친다면 일단은 천천히 세심하게 관찰을 하자. 다행히 그다지 난폭하지는 않은 것 같다.

갈리미무스

【Gallimimus bullatus】

백악기의 육지

분류	파충류, 공룡류, 용반류, 수각류
산출지	몽골
전체 길이	6m

백악기
약 1억 4,500만 년 전~약 6,600만 년 전

옆면

바이크 투어링에 참가할 공룡을 한 종만 고르라고 한다면 갈리미무스 불라투스(*Gallimimus bullatus*)가 단연코 으뜸이다. 작은 머리, 긴 목, 늘씬하고 긴 다리는 타조를 떠오르게 한다. 실제로 갈리미무스는 오르니토미무스(242쪽) 등과 함께 '타조 공룡'이라 불리는 공룡 중 하나인데 오르니토미무스와 함께 '오르니토미모사우루스류'에 속하기도 한다.

갈리미무스는 '공룡계의 최고 속도'로 명성이 자자하다. 원래 오르니토미모사우루스류에는 210쪽에서 소개한 데이노케이루스보다 더 빠른 종이 많다. 이 빠른 종 중에서도 갈리미무스는 데이노케이루스를 제치고 최대급이다. 다른 종보다 훨씬 더 크다. 즉, 한 걸음의 보폭이 크다는 뜻이다.

게다가 갈리미무스는 발의 구조가 특이하다. 뼈가 어느 정도 유연해 충격흡수력이 좋다. 품질 좋은 러닝슈즈를 신고 있는 셈이다.

갈리미무스는 보폭이 넓고 다리의 충격흡수력도 높았기 때문에 가장 빨랐을 것으로 추정된다. 투어링, 특히 산길 같은 코스를 달린다면 바이크와 나란히 달리기에는 아무 문제도 없을 것이다.

맞다! 갈리미무스는 초식성이다. 중간에 쉴 때는 잊지 말고 물과 함께 고사리 같이 부드러운 식물의 잎을 주도록.

테리지노사우루스

【*Therizinosaurus cheloniformis*】

백악기의 육지

분류	파충류, 공룡류, 용반류, 수각류
산출지	몽골
전체 길이	10m

백악기
약 1억 4,500만 년 전~약 6,600만 년 전

앞면　　　옆면

"수고했어. 조금 쉬었다가 갈까."

보릿짚단을 돌돌 마는 작업을 도와준 것은 테리지노사우루스 켈로니포르미스(*Therizinosaurus cheloniformis*)이다.

테리지노사우루스는 작은 머리, 가늘고 긴 목에 대사증후군을 떠올릴 만한 체형의 공룡이다. 모든 육식 공룡이 속해 있는 수각류로 분류되지만 테리지노사우루스는 초식 공룡으로 알려져 있다. 참고로 대사증후군을 떠올릴 만하다고는 하나 실제로 배에는 지방이 아닌 기다란 장이 있었다고 추정된다. 즉, 섭취한 식물을 긴 시간 소화했던 것 같다.

가장 큰 특징은 긴 팔 끝에 있는 긴 손톱. 이 손톱은 공룡류 중에서는 유일하다고 할 수 있다. 그런데 날카롭지는 않았다. 게다가 직선이다. 먹잇감을 찢기에는 적합하지 않다.

이 긴 손톱이 무슨 도움이 됐는지는 분명하지 않다. 살점을 찢는 데는 부적합하고, 무엇보다 테리지노사우루스는 애초에 초식성이었다. 참으로 수수께끼가 아닐 수 없다.

하지만 보릿짚을 긁어모으는 데는 도움이 된다. 농장에서는 가끔 이렇게 테리지노사우루스에게 도움을 받는다. 최근 보릿짚단을 마는 작업에 테리지노사우루스를 투입하는 농가가 증가하고 있고, 지역에 따라서는 여러 집이 '공유'하는 예도 있다.

하지만 유감이다. 현실 세계에서는 돌돌 말린 짚단이 있는 들판을 아무리 둘러봐도 테리지노사우루스를 만날 수는 없을 테니까.

타르보사우루스

【*Tarbosaurus bataar*】

분류	파충류, 공룡류, 용반류, 수각류, 티라노사우루스류
산출지	몽골
전체 길이	9.5m

백악기
약 1억 4,500만 년 전~약 6,600만 년 전

옆면

앞면

백악기의 육지

교토의 명물인 가모강(鴨川)의 커플들. 띄엄띄엄 거리를 두고 앉은 연인들. 흐뭇한 장면이다.

음…, 오늘은 그 뒤로 한 마리의 공룡이 걷고 있다. 타르보사우루스 바타르(*Tarbosaurus bataar*). 아시아를 대표하는 대형 육식 공룡이다.

지금 이렇게 생각 없이 사랑이나 속삭일 때야?

어서 도망가야지!

아니 아니… 초조할 필요는 없다. 아무래도 이 개체는 배가 부른지 사람을 해칠 것 같지는 않다. 강변의 시원한 바람을 맞으며 그저 식후에 가벼운 산책을 즐기고 있는 것 같다.

타르보사우루스는 아시아 최대급의 육식 공룡이기도 하다. 커다란 머리, 발톱이 두 개밖에 없는 앞다리 등 북아메리카의 티라노사우루스 렉스(248쪽)와 무척이나 닮았고 실제로 근연종이기도 하다.

다만 티라노사우루스 렉스와 비교하자면 전체 길이는 2m 이상 짧고, 몸의 폭도 좁으며 물론 더 가볍다. 티라노사우루스 렉스보다도 훨씬 작은 소형종이다.

소형이라고는 하지만 배고픈 상태의 개체를 만났을 때는 조심할 필요가 있다. 아무래도 티라노사우루스 렉스의 근연종이니까.

녀석은 '아시아 최강'으로 유명하다. 사랑을 속삭이는 데만, 혹은 가모강의 물소리에만 집중한 나머지 타르보사우루스의 접근을 눈치 채지 못하는 일은 없기를.

나나이모테우티스

【Nanaimoteuthis hikidai】

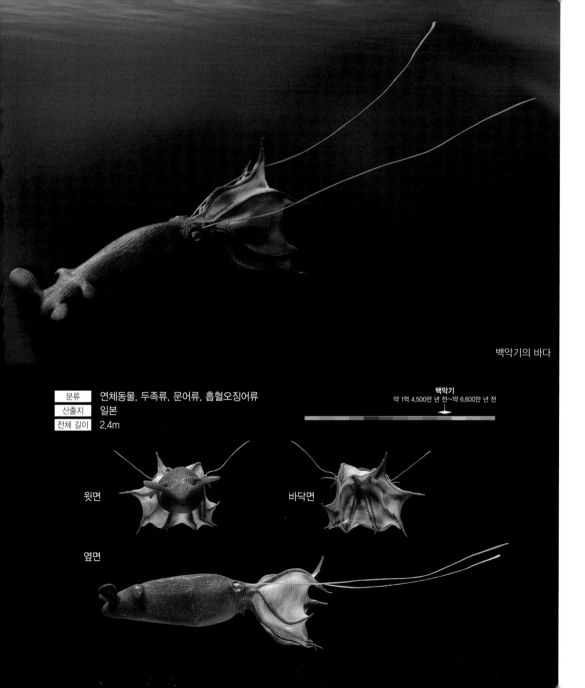

백악기의 바다

분류	연체동물, 두족류, 문어류, 흡혈오징어류
산출지	일본
전체 길이	2.4m

윗면

바닥면

옆면

백악기
약 1억 4,500만 년 전~약 6,600만 년 전

피곤한 몸을 이끌고 호텔 체크인. 다른 건 필요 없고 일단 침대에 눕고 싶다. 출장이 많은 분들은 이런 경험이 자주 있을 것이다. 오늘은 호텔 객실이 나름 괜찮다. 침대도 크고, '여유롭게 쉴 수 있겠네' 싶었는데…, 먼저 온 손님이 있군.

침대 위에 축 늘어져 있는 것은 나나이모테우티스 히키다이(*Nanaimoteuthis hikidai*). 흡혈오징어 류다. 일반적으로 알려진 흡혈오징어는 전체 길이 가 15cm 정도인데 나나이모테우티스는 그보다 16배 길다. 그 존재감은 엄청나다. 흡혈오징어류뿐만 아니라 문어를 포함한 팔완류(八腕類)로서도 나나이 모테우티스의 크기는 각별하다.

나나이모테우티스의 화석은 하보로테우티스(186쪽)와 같은 지층에서 발견되었다. 지금까지 밝혀진 이 거대 흡혈오징어류는 하보로테우티스와 같은 시 대의 홋카이도(당시는 해저)에서 서식했던 것이다.

물론 흡혈오징어류도 문어류나 오징어류와 같은 연체동물이다. 따라서 그 전신이 화석으로 남는 경 우는 매우 드물다. 나나이모테우티스도 턱(입)뿐이 었다.

자, 만약 당신이 체크인한 호텔 객실의 침대를 나 나이모테우티스가 점거하고 있다면…, 동침하겠는 가? 아니면 역시 곧장 프런트에 전화를 걸겠는가?

디디모케라스
【*Didymoceras stevensoni*】

백악기의 바다

분류	연체동물, 두족류, 암모나이트류
산출지	미국, 프랑스
전체 길이	25cm

백악기
약 1억 4,500만 년 전~약 6,600만 년 전

윗면　　　　　　앞면　　　　　　옆면

때로는 와인을 마셔볼까.

와인 진열대를 보고 있는데 낯선 소라(?)가 있다.

"이건 뭐지?"

무심코 집었는데 와인병이 함께 딸려왔다.

"오, 손님. 운이 좋으시네요. 아직 남아 있었군요. 디디모케라스를 사은품으로 주는 와인이랍니다. 한 정품인데 그게 마지막이네요."

직원이 이렇게 말한다….

디디모케라스? 모르겠다는 표정을 보고는 직원이 다가오며 이야기를 이어간다.

"암모나이트입니다. 특이하게 생긴 소라처럼 보이지만 암모나이트랍니다."

이런 대화가 실제로 오갔다는 얘기를 들은 것도 같다.

디디모케라스 스테벤손아이(Didymoceras stevensoni)는 소위 말하는 '이형 암모나이트'의 일종이다. 특히 윗부분은 소라처럼 보일지 모르지만 암모나이트와 소라는 내부 구조가 다르다. 소라의 경우, 연체부(軟體部)가 속까지 꽉 차 있는데 암모나이트의 연체부는 껍데기 입구부터 살짝만 얕게 차 있다. 그다음은 격벽(隔壁)으로 막힌 공간이 여럿 이어지고, 암모나이트는 그 공간 안의 액체량을 조절함으로써 수중에서 부력을 조정한다.

디디모케라스속에는 스테벤손아이 외에도 여러 종이 존재하는데 그중에는 일본에 서식했던 종도 확인되었다. 단, 현실 세계에서는 디디모케라스가 와인에 덤으로 따라올 일은 아마 없을 것이다.

프라비토케라스

【*Pravitoceras sigmoidale*】

백악기의 바다

분류	연체동물, 두족류, 암모나이트류
산출지	일본
전체 길이	25cm

백악기
약 1억 4,500만 년 전~약 6,600만 년 전

앞면   옆면

일명 '회오리 막대 사탕'. 어렸을 적에는 그렇게도 먹고 싶었는데. 저 커다란 사탕을 끝까지 핥아먹을 수 있다면….

이런 어렸을 적 '꿈'을 생각나게 하는 암모나이트가 있다. 이름은 프라비토케라스 시그모이달레(*Pravitoceras sigmoidale*). 껍데기 색깔만 입히면 완전히 똑같다. 'S'자 모양으로 휜 가장 바깥 부분은 손잡이로 안성맞춤일 것 같고, 만약 핥아먹는다 해도 누가 뭐라 하겠는가. 아무도 탓할 수 없을 것이다.

프라비토케라스 역시 '이형 암모나이트'의 일종이다. 처음에만 조금 탑 모양으로 말리다가 중간까지는 정상돌기, 가장 바깥 둘레가 '이형'인 독특한 특징을 갖는 암모나이트다.

한 연구에 따르면 프라비토케라스는 디디모케라스(220쪽) 중 하나가 진화한 것이라고 한다. 디디모케라스의 윗부분에 있는 삼차원적인 부분이 평면화한 다음 수직으로 서면 프라비토케라스가 된다는 것이다.

프라비토케라스는 일본 고유의 암모나이트다. 산지는 아와지섬(淡路島) 등지로 홋카이도의 니포니테스와 더불어 일본을 대표하는 이형 암모나이트로 유명하다. 때문에 일부 애호가는 이 둘을 '북의 닛포, 남의 프라비토'라고 부르기도 한다(최근에는 홋카이도에서도 화석이 발견되고 있다).

그건 그렇고 녀석은 회오리 막대 사탕으로 만들어도 어울릴 것 같다. 이 책을 읽고 있는 제과 업체에서 도전해보면 어떨까.

카무이사우루스

【*Kamuysaurus japonicus*】

백악기의 바다(로 떠내려 옴)

분류	파충류, 공룡류, 조반류, 조각류
산출지	일본
전체 길이	8m

백악기
약 1억 4,500만 년 전~약 6,600만 년 전

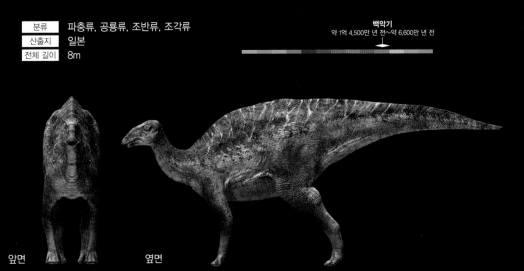

앞면　　　　옆면

매년 7월이 되면 많은 사람이 라벤더 밭을 찾는다. 광활하게 펼쳐진 보랏빛 융단은 그야말로 장관이다.

올해는 진귀한 손님이 이곳을 찾았다. 카무이사우루스 자포니쿠스(*Kamuysaurus japonicus*). 전체 길이 8m, 네 다리로 걷는 초식 공룡이다. 230쪽에서 소개할 북아메리카의 에도몬토사우루스와 가까운 종으로 알려져 있는데 카무이사우루스는 일본 공룡이다.

그건 그렇고 묘하게 라벤더 밭과 잘 어울린다. 밟히지 않도록 조심한다면 그렇게 위험한 공룡은 아니므로 이 기회에 함께 기념 촬영을 하는 건 어떨까.

'현실 세계'의 카무이사우루스는 홋카이도 무카와초(鵡川町) 호베츠(穂別)에서 2003년에 최초로 발견(꼬리 일부)된 공룡이다. 그 후 2013년에 제1차, 2014년에 제2차 발굴조사에서 많은 부위를 발굴했다. 2019년에는 전신을 복원해 골격이 완성되었다. 전신 화석의 보존율은 무려 80%나 된다.

일본산 공룡 화석 중에 전체 길이 8m의 큰 덩치에 약 80%의 보존율은 유일한 것이다. 세계적으로도 그렇게 많지 않다. 2019년에 논문이 게재되면서 공식적인 이름(이전까지는 무카와 류[MUKAWA RYU]로 부름)을 갖게 되었다.

이 화석은 바다에서 생성된 지층에서 발견되었다. 당시 이 공룡은 어떤 연유로 인해 먼 바다로 떠내려간 것으로 추정된다.

포스포로사우루스

【*Phosphorosaurus ponpetelegans*】

백악기의 바다

분류	파충류, 인룡류, 모사사우루스류
산출지	일본
전체 길이	3m

백악기
약 1억 4,500만 년 전~약 6,600만 년 전

윗면

앞면　　　옆면

저녁놀을 배경으로 펼쳐지는 돌고래의 점프. 당신이 이 순간을 카메라에 잘 담았는지 궁금하다. 이렇게 '그림이 되는' 장면은 그다지 흔치 않다.

자, 촬영에 성공했다면 사진을 다시 한 번 확인해보자. 자세히 보면 점프하는 돌고래들 사이로 약간 특이하게 생긴 동물이 있을 것이다. 이 동물은 포스포로사우루스 폰페텔레간스(*Phosphorosaurus ponpetelegans*)이다. '폰페텔레간스'라니, 참 외우기 어려운 이름이다 싶겠지만 이건 홋카이도에서 화석이 발견되었다는 '증거'다. 아이누어(Ainu語)로 '맑은 물'을 뜻하며 또한 화석의 발견지인 '호베츠'의 어원인 '폼페토'에서 따온 이름이기도 하다. 이렇게 아이누어에서 유래한 이름을 가진 이 동물은 모사사우루스류이다.

지금까지 연구된 모사사우루스류는 백악기의 바다에 군림했던 대형 해양파충류로 알려져 있고, 그 이미지는 전체 길이 15m급의 모사사우루스(238쪽 참조)로 대표된다. 하지만 포스포로사우루스 폰페텔레간스는 대형종에 비하면 훨씬 소형이다. 보다시피 돌고래와 별 차이가 없다.

포스포로사우루스 폰페텔레간스는 야행성이라는 견해가 있다. 소형종이기는 하지만 (모사사우루스류로서는 드물게) 야행성이라는 생태를 취함으로써 같은 해역에서 대형종과 함께 살았던 게 아닐까 추정된다.

에드몬토니아

【*Edmontonia longiceps*】

백악기의 숲

분류	파충류, 공룡류, 조반류, 장순류, 곡룡류
산출지	캐나다
전체 길이	6m

백악기
약 1억 4,500만 년 전~약 6,600만 년 전

윗면

앞면　　　옆면

"덕분에 좋은 곡룡(曲龍)을 만났어요."

"정말 좋은 녀석이니 소중히 다뤄주세요. 저희 매장은 애프터서비스도 자동차만큼 충실하니까 앞으로도 잘 부탁드립니다."

아빠와 직원이 손을 꼭 잡고 악수를 한다. 오늘은 기다리고 기다리던 곡룡 인수일. 새 가족을 맞이하기 위해 온 가족이 딜러를 만나러 왔다. 거리로, 산으로, 강으로. 앞으로 이 가족은 에드몬토니아 롱기켑스(Edmontonia longiceps)와 함께 많은 추억을 만들어 가겠지. 요즘은 곡룡을 구매하는 대신 필요할 때만 빌리는 '다이노 셰어' 서비스가 유행이라고 하지만 '함께 추억을 만든다'는 의미에서는 역시 '나만의 곡룡'을 갖는 게 중요할 것이다. '한 가정의 일원'이기 때문에 애착도 가는 법이다. 아빠와 엄마, 딸의 미소가 그렇다고 말하고 있다.

에드몬토니아의 가장 큰 특징은 어깨부터 시작되는 커다란 돌기다. 이 '공격적인 스타일'은 많은 사람의 사랑을 받고 있다. 그런데 사실 이 돌기 내부는 구멍이 숭숭 뚫려있어 그다지 강하지 않았다.

몸이 가벼운 것도 특징 중 하나이다. 예를 들어 240쪽에서 소개하는 안킬로사우루스와 비교하면 전체 길이는 1m만 작은데 무게는 안킬로사우루스의 절반에 불과하다.

하지만 현실 세계에서는 어떤 딜러에게서도 살아 있는 에드몬토니아를 구입할 수는 없을 것이다.

에도몬토사우루스

【*Edomontosaurus regalis*】

백악기의 숲

분류	파충류, 공룡류, 조반류, 조각류
산출지	캐나다
전체 길이	9m

백악기
약 1억 4,500만 년 전~약 6,600만 년 전

앞면　　　옆면

'백악기의 소'

이런 별명을 가진 공룡이 있다. 에도몬토사우루스 레갈리스(*Edomontosaurus regalis*)가 바로 그 주인공.

에도몬토사우루스는 백악기 후기에 크게 번성한 초식 공룡이다. 티라노사우루스 등 육식 공룡의 좋은 먹잇감이었을 것으로 추정된다.

같은 시대의 초식 공룡인 트리케라톱스(246쪽)처럼 커다란 프릴이나 뿔도 없고, 안킬로사우루스(240쪽) 같은 갑옷도 없다. 관계자 여러분의 질타를 각오하고 한 말씀만 드리자면 이렇다 할 특징이 없는 공룡이다.

이런 '이렇다 할 특징이 없는 공룡'인 에도몬토사우루스이지만 앞에 말한 것처럼 별명이 있다. 그 별명은 뛰어난 '초식 성능'에서 유래했다.

오늘날의 소는 질긴 벼과 식물을 아무렇지도 않게 씹을 수 있는데, 에도몬토사우루스도 소와 같은 능력을 가졌던 게 아닐까 추정된다.

백악기의 소가 나타난 곳 역시 많은 소들이 몰려 있는 목장이었다. 광활한 대지에 펼쳐진 목초라는 이름의 벼과 식물. 과연 에도몬토사우루스는 목초를 먹으며 살아남을 수 있을까. 많은 사람들이 관련 연구의 결과를 지켜보고 있다.

알베르토사우루스

【*Albertosaurus sarcophagus*】

백악기의 숲

분류	파충류, 공룡류, 용반류, 수각류, 티라노사우루스류
산출지	캐나다, 미국
전체 길이	8m

백악기
약 1억 4,500만 년 전~약 6,600만 년 전

앞면　　　　옆면

"이쪽으로 오시지요."

여주인의 안내를 받고 있는 이 공룡의 이름은 알베르토사우루스 사르코파구스(*Albertosaurus sarcophagus*)이다.

일단 주목할 부분은 발가락일 것이다.

발가락이 2개다.

응? 발가락이 2개뿐인 육식공룡? 게다가 이 정도 크기는 어디선가…. 예리한 분들이라면 이 정도 생각은 들었을 것이다(공룡 팬인 여러분은 뭘 새삼스럽게 그러느냐 할지도 모르지만).

이 공룡은 그 유명한 육식 공룡 티라노사우루스 렉스(248쪽)의 근연종이다.

근연종이라고는 하나 알베르토사우루스가 훨씬 작다. 전체 길이로 보면 4m 정도 작고, 무게도 티라노사우루스의 절반밖에 되지 않는다. 즉, 알베르토사우루스는 상대적으로 덩치가 작고 날씬하다. 이 정도로 체격 차이가 나면, 만약 같은 영역에 티라노사우루스가 서식하더라도 먹잇감을 두고 경쟁할 가능성은 낮다. 서식 영역이 달랐을 수도 있다.

하지만 역시 수각류로서는 대형종에 속하는 거구다. 물론 이 집은 이런 '거구의 손님'까지 고려해 무게를 견딜 수 있게 설계되어 있다. 공룡과 함께 살려면 이 정도 대책은 필요할 것이다.

베엘제부포
【*Beelzebufo ampinga*】

백악기의 육지

분류	양서류, 개구리류
산출지	마다가스카르
전체 길이	41cm

백악기
약 1억 4,500만 년 전~약 6,600만 년 전

윗면

앞면

옆면

다도실이 묘하게 잘 어울리는 개구리가 있다. 차분한 표정, 묵직한 안정감. 이 개구리의 이름은 베엘제부포 암핑가(Beelzebufo ampinga)이다.

마왕 '벨제붑(Beelzebub)'에서 유래한 이름의 이 개구리는 머리를 포함한 전체 길이가 41cm이며 무게 4.5kg의 거구다. 일반적으로 크다고 하는 '황소개구리'가 20cm가 되지 않으니 2배나 크다. 세계적으로 큰 것으로 알려진 골리앗개구리도 머리를 포함한 전체 길이가 32cm이며 무게 3.1kg 정도이니 베엘제부포가 얼마나 큰지 알 수 있다. 참고로 골리앗개구리가 다리를 뻗었을 때의 전체 길이가 80cm이다. 베엘제부포는 어느 정도일지 미루어 짐작할 수 있다.

지금까지 밝혀진 베엘제부포는 '사상 최대의 개구리'로 유명하다. 백악기에 마다가스카르에서 서식했고, 잠복형 사냥에 능했던 것으로 추정된다. 아마 도마뱀 같은 작은 동물을 노렸을 것이다. 공룡의 새끼도 먹었을 거라는 견해도 있다.

하지만 여성 옆에 점잖게 앉아 있는 이 베엘제부포는 대체 목적이 뭘까? 설마 차를 마시려는 걸까? 아니면 다과가 탐나는 걸까? 이렇게 위화감 없이 잘 어울리니 나도 모르게 찻잔을 건넬 것 같다. 녀석은 어떻게 찻잔을 들까? 예법은 어떻든 그 모습을 보고 싶기는 하다.

케찰코아틀루스
【Quetzalcoatlus northropi】

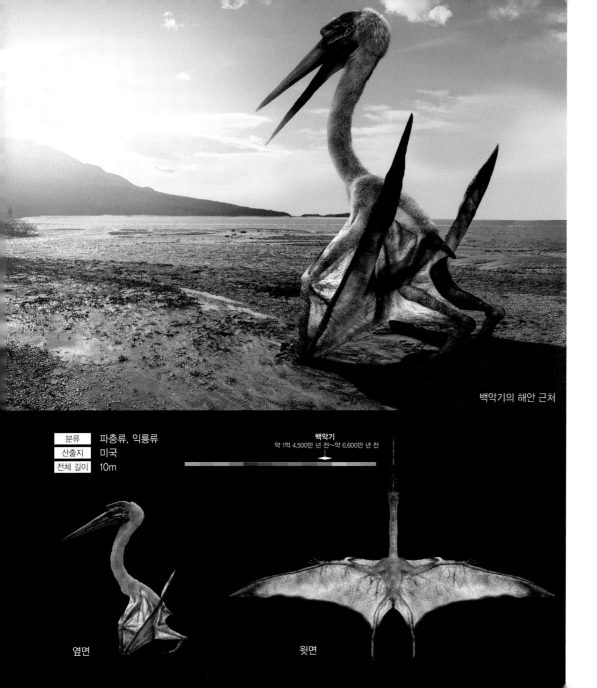

백악기의 해안 근처

분류	파충류, 익룡류
산출지	미국
전체 길이	10m

백악기
약 1억 4,500만 년 전~약 6,600만 년 전

옆면

윗면

만약, 만약에 농구 시합의 상대가 초대형 공룡이라면 경기를 어떻게 할까?

덩치에 비하면 재빠르고 목이 길어서…, 즉 '리치'가 길어서 거의 모든 슛은 머리로 쳐서 떨어뜨린다. 커다란 비막으로 공을 가리면 음, 어떻게 공을 빼앗을 수 있을까?

이런 상황을 가정하고 훈련하기 위해 이 중학교에서는 실제로 케찰코아틀루스 노르트롭아이(*Que-tzalcoatlus northropi*)를 코치로 기용했다. 과연 녀석의 코치는 학생들의 기술 향상에 도움이 될까?

케찰코아틀루스는 초대형 익룡이 많이 속한 아즈다르코류의 주요 맴버이며 '사상 최대급' 익룡으로 유명하다.

하지만 케찰코아틀루스의 생태는 베일에 가려 있다. 예를 들어 비행 능력의 경우, 케찰코아틀루스와 가까운 초대형종이 날 수 있었다는 견해와 날지 못했다는 견해가 있다.

후자의 경우, 초대형종은 빠르게 지상을 걸으며 공룡의 유체를 포함한 작은 동물을 공격했을 것으로 추측된다. 지상 생태계에서 '중형 포식자'로 활동했을 거라는 예상이다.

참고로 케찰코아틀루스라는 이름은 멕시코 아스테카(Azteca) 신화에 나오는 신 '케찰코아틀(Quetz-alcoatl)'에서 유래했지만 화석의 산지는 멕시코가 아니다.

모사사우루스

【*Mosasaurus hoffmanni*】

백악기의 바다

분류	파충류, 인룡류, 모사사우루스류
산출지	네덜란드, 폴란드, 미국 외
전체 길이	15m

백악기
약 1억 4,500만 년 전~약 6,600만 년 전

윗면

앞면   옆면

세상은 넓다. 어떤 지역에서는 모사사우루스 호프만아이(*Mosasaurus hoffmanni*)를 사육해 배 대신 사용해서 물고기를 잡는다고 한다. 예전에 유럽에서 '괴수'라 불리던 이 동물은 이 지역에서 빼놓을 수 없는 일상의 '동료'로서 귀한 대접을 받고 있다.

모사사우루스 호프만아이는 모사사우루스류에 속하는 종이며, 이 그룹의 대표적인 존재다. 머리 부분만 1.6m에 달했다는 대형종으로 전체 길이 15m는 모사사우루스류 가운데 최대로 알려져 있다.

지금까지 밝혀진 바로는 모사사우루스 호프만아이는 '가장 마지막에 출현한 모사사우루스류'이기도 하다. 백악기 중반에 해당하는 약 1억 년 전에 출현한 모사사우루스류는 거침없이 다양화와 대형화를 이뤄 해양의 생태 피라미드 꼭대기로 올라갔다. 그렇게 다다른 최후의 종이 바로 모사사우루스 호프만아이인 것이다. 참고로 맨 마지막으로 보고된 모사사우루스류이기도 하다.

모사사우루스 호프만아이의 출현 후 얼마 지나지 않아 백악기 말의 대멸종 사건이 발생한다. 모든 모사사우루스류는 지구에서 자취를 감추고 말았다. 역사의 '만약(백악기 말의 대멸종)'이 없었다면 아마 더 큰 모사사우루스류가 출현했을지 모른다.

이런 연유로 현실 세계에서 모사사우루스류는 멸종되었다. 유감이지만 세계 어디서도 이렇게 녀석의 등에 올라탈 수는 없을 것 같다.

안킬로사우루스

【*Ankylosaurus magniventris*】

분류	파충류, 공룡류, 조반류, 장순류, 곡룡류
산출지	미국
전체 길이	7m

백악기
약 1억 4,500만 년 전~약 6,600만 년 전

윗면

옆면

앞면

백악기의 숲

'곡룡류'로 말하면!

등에 뼈로 된 '장갑판'이 빼곡하고, 넓적한 몸에 짧은 네 다리. 크기에 비해 무겁고 무게중심이 낮아 안정적이다. 그 튼실한 모습은 흡사 오늘날의 전차 같다.

안킬로사우루스 마그니벤트리스(*Ankylosaurus m-agniventris*)는 바로 곡룡류의 대표적인 존재다. 화석은 티라노사우루스(248쪽 참조)나 트리케라톱스 (246쪽 참조) 등의 화석과 같은 지층에서 발견되기 때문에 이런 '저명한 공룡들'과 함께 기억하는 분들도 적지 않을 것이다.

하지만… 아무리 '전차 같다'고는 해도 훈련장에 몰래 숨어드는 건 너무했다. 대체 어디서 온 걸까?

분명 안킬로사우루스는 상당한 '방어 성능'과 '공격용 무기'가 있다.

등의 장갑판은 특별 사양. 현대의 방탄조끼와 같 아서 가벼우면서도 강도가 높았다. 즉, 방어용이었을 것으로 추정된다. 그리고 꼬리 끝 부분의 뼈로 된 혹도 잊어서는 안 된다. 이것은 공격용으로 유용했을지 모른다.

하지만 뼈로 된 장갑판이 전차가 쏘아대는 포탄을 견딜 수 있을 것 같지는 않으며, 혹이 전차의 장갑판을 부술 수 있을 것 같지도 않다. 자신을 위해서라도 빨리 훈련장에서 나가기를.

오르니토미무스

【Ornithomimus velox】

백악기의 육지

분류	공룡류, 용반류, 수각류
산출지	미국
전체 길이	4.8m

백악기
약 1억 4,500만 년 전~약 6,600만 년 전

앞면　　　　　옆면

"엄마, 타조들 틈에 이상한 동물이 있어요!"

타조 목장에 데려온 딸이 눈치를 챈 모양이다. 자, 당신은 어떤가? 타조 무리 속에 '이상한 동물'이 있다는 걸 눈치 챘는지?

앞줄에 다섯 마리의 타조. 그 뒤에 있는 건…. 타조 치고는 약간 크다. 작은 머리, 긴 목, 늘씬하고 긴 다리는 타조를 꼭 닮았는데…. 음, 긴 꼬리가 있다.

타조 무리 속으로 숨어들어온 이 동물은 오르니토미무스 벨록스(*Ornithomimus velox*)이다. '수각류'에 속하는 공룡이다.

타조로 착각하는 것도 뭐 무리는 아니다. 타조와 오르니토미무스가 조상과 후손의 관계는 아니지만 오르니토미무스는 그 모습 때문에 '타조 공룡'이라고도 불린다. 오르니토미무스와 그 근연종은 수각류 중에서도 '오르니토미모사우루스류'라는 그룹을 형성한다. 이 그룹의 공룡들은 기본적으로 타조와 많이 닮았고 타조처럼 빨랐을 것으로 추정된다.

참고로 오르니토미무스는 날지 않음에도 불구하고 날개가 있다. 타조들 사이로 보이는 붉은 깃털이 바로 날개다. 이 날개는 성체에만 있다. 녀석은 어른인 모양이다.

243

파키케팔로사우루스

【*Pachycephalosaurus wyomingensis*】

분류	파충류, 공룡류, 조반류, 주식두류, 후두류
산출지	미국
전체 길이	4.5m

백악기
약 1억 4,500만 년 전~약 6,600만 년 전

옆면

앞면

백악기의 숲

"이크, 지하철 놓치겠다."

지하철 개찰구를 향해 걸음을 재촉한다. 회사원이라면 이런 경험이 한 번쯤은 있을 것이다.

…그렇다. 한 번쯤은 있을 것이다. '지각하면 어쩌지.' 하는 생각으로 머릿속이 가득 차 앞을 제대로 살피지 못한다. 잘못하면 앞에 가는 사람과 부딪힐 수도 있다. 누구든 한 번쯤은 해본 경험이 있을 것이다.

공룡과 함께 사는 세상에서는 공룡들도 이런 경험을 할지 모르겠다. 파키케팔로사우루스 위오밍겐시스(Pachycephalosaurus wyomingensis)는 전체 길이 4.5m에 높이는 1.6m 전후. 충분히 지하철을 탈 수 있는 크기다. 이런 공룡이 앞을 제대로 보지 않은 채 달려온다면…. 당연히 위험할 것이다.

파키케팔로사우루스는 '돌머리 공룡', '박치기 공룡'으로 유명하기에 더욱 그렇다. 정말로 박치기가 가능했는지, 가능했다면 박치기로 힘자랑을 했는지 어떤지 등에 대한 의견이 분분하지만 사람을 다치게 하기에는 충분히 단단한 머리(물론 물리적인 의미에서)를 가졌다.

'돌머리 공룡'으로 유명한 이 종은 지금까지 밝혀진 바에 따르면 티라노사우루스(248쪽), 트리케라톱스(246쪽), 안킬로사우루스(240쪽) 등과 같은 시대에 같은 지역에서 서식했다. 유별난 이 공룡들 중에서는 이 종이 가장 덩치가 작았다. 다른 종들은 지하철을 타기 어려운 크기였다.

트리케라톱스

【Triceratops prorsus】

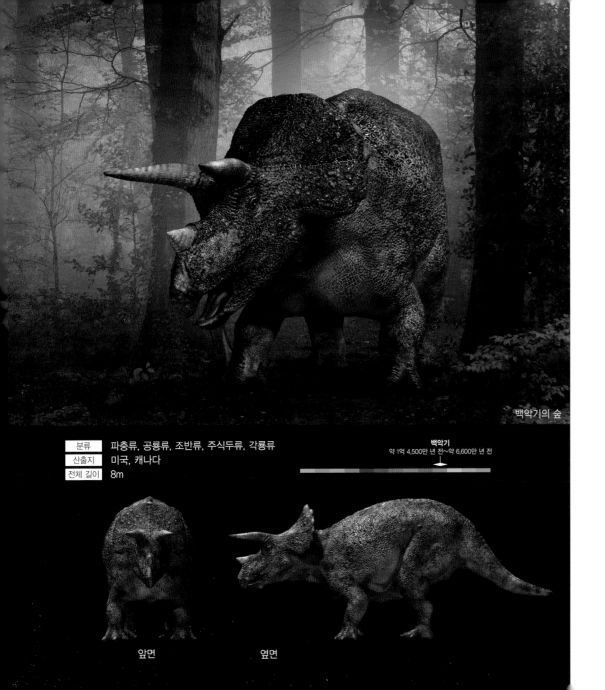

백악기의 숲

분류	파충류, 공룡류, 조반류, 주식두류, 각룡류
산출지	미국, 캐나다
전체 길이	8m

백악기
약 1억 4,500만 년 전~약 6,600만 년 전

앞면　　　　옆면

"어이, 다들 모였지? 많이 먹고 쑥쑥 커라. 아, 너는 조금 기다리렴. 차례를 지켜야지."

어느 목장의 풍경이다. 여기서는 소들과 함께 트리케라톱스 프로르수스(*Triceratops prorsus*)를 사육하고 있다.

이 목장의 방침은 잘 먹여서 크게 키우는 것. 이 사육 방침에 따라 키운 트리케라톱스는 전체 길이가 무려 8m, 무게는 9t! 무게만 보면 소 15마리 이상에 맞먹는다.

다행히 얌전하게 길이 잘 들어서 날뛰거나 할 염려는 거의 없다. 소들의 식사가 끝난 다음에 준비되는 자신의 사료를 이렇게 얌전히 기다리고 있다.

지금까지 보고된 트리케라톱스는 백악기의 가장 말기에 등장한 초식 공룡이다. 동시대를 살았던 최고의 육식 공룡으로는 티라노사우루스(248쪽)가 있다. 이렇게 소와 나란히 있으니 커 보이지만 타라노사우루스 옆에서는 그렇지도 않다. 당시에는 지금 세상에서 상상하기 어려운 거구들끼리의 다툼이 있었던 것이다.

트리케라톱스는 각룡류라 불리는 그룹의 대표이기도 하다. 대표면서 가장 나중에 출현한 종이고, 가장 큰 종이기도 했다. 이 책에서는 같은 각룡류로 트리케라톱스보다 원시적인 프로토케랍토스(194쪽)도 소개하고 있으니 꼭 비교해보시기를.

티라노사우루스

【*Tyrannosaurus rex*】

분류	파충류, 공룡류, 용반류, 수각류, 티라노사우루스류
산출지	미국 캐나다
전체 길이	12m

백악기
약 1억 4,500만 년 전~약 6,600만 년 전

옆면

앞면

백악기의 숲

극동의 어느 도시에서는 공룡들을 방목한 지 꽤 되었다. 관광객 유치의 기폭제가 되기를 바라며 시작했다는 이 시도의 가장 큰 볼거리는 매일 정해진 시각에 풀어놓는, 잘 길들여진 티라노사우루스 렉스(Tyrannosaurus rex)다. 티라노사우루스는 보행자들 틈에 섞여 유유히 거리를 걷다가 1시간 정도 지나면 자기 집으로 돌아간다.

처음에는 전 세계의 미디어가 주목하고 전성기에는 근처 여러 역의 개찰구에서 관광객들이 쏟아

져 나올 만큼 성황이었는데…. 사람들의 관심은 움직이는 법. 공룡이 있는 풍경이 당연해지면 지금처럼 된다. 티라노사우루스를 보거나 촬영하기 위해 발걸음을 멈추는 사람도 거의 없고, 티라노사우루스 자신도 자연스럽게 사람들 틈에 녹아 있다.

지금까지 보고된 바로는 티라노사우루스는 중생대 백악기 말기에 출현한 육식 공룡이다. 전체 길이 12m라는 이 수치는 '최대 육식 공룡'은 아니지만 '최대급 육식 공룡'이다. 길이 1.5m 이상, 폭 60cm 이

상, 높이 1m인 거대한 머리가 트레이드마크이고, 다부진 턱이 만들어내는 무는 힘은 동서고금의 육상 동물 중 특히 강했다.

현실 세계에서는 티라노사우루스가 거리를 활보할 일은 없겠지만, 어딘가에서 이런 일이 생긴다면 여유롭게 옆에서 걷지 말고 재빨리 도망쳐야 한다. 티라노사우루스와 같은 공간에 있는 것은 호랑이와 같은 공간에 있는 것보다 훨씬 더 위험하다.

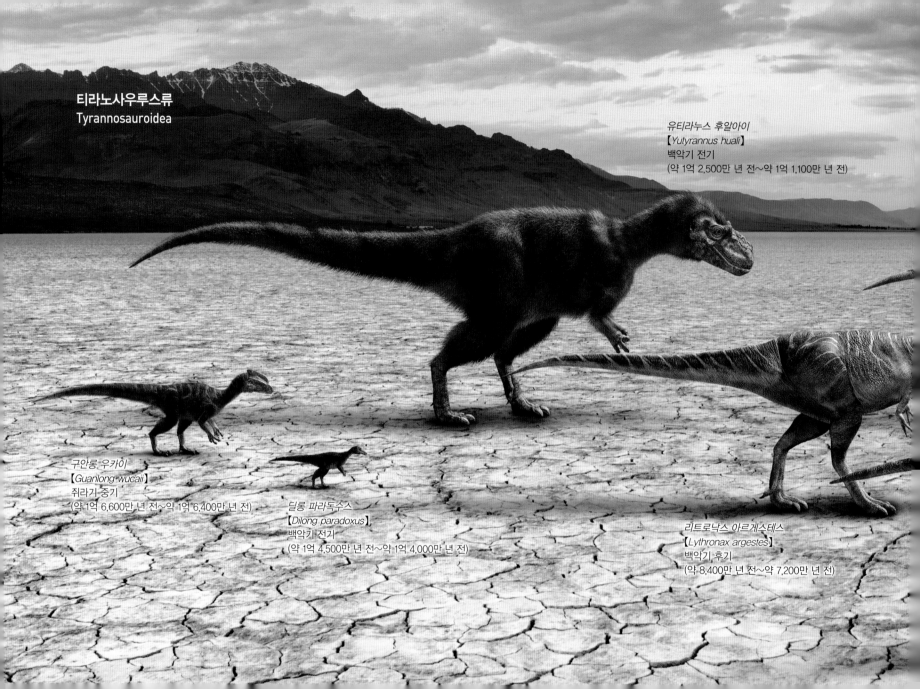

티라노사우루스류
Tyrannosauroidea

유티라누스 후알아이
【Yutyrannus huali】
백악기 전기
(약 1억 2,500만 년 전~약 1억 1,100만 년 전)

구안롱 우카이
【Guanlong wucaii】
쥐라기 중기
(약 1억 6,600만 년 전~약 1억 6,400만 년 전)

딜롱 파라독수스
【Dilong paradoxus】
백악기 전기
(약 1억 4,500만 년 전~약 1억 4,000만 년 전)

리트로낙스 아르게스테스
【Lythronax argestes】
백악기 후기
(약 8,400만 년 전~약 7,200만 년 전)

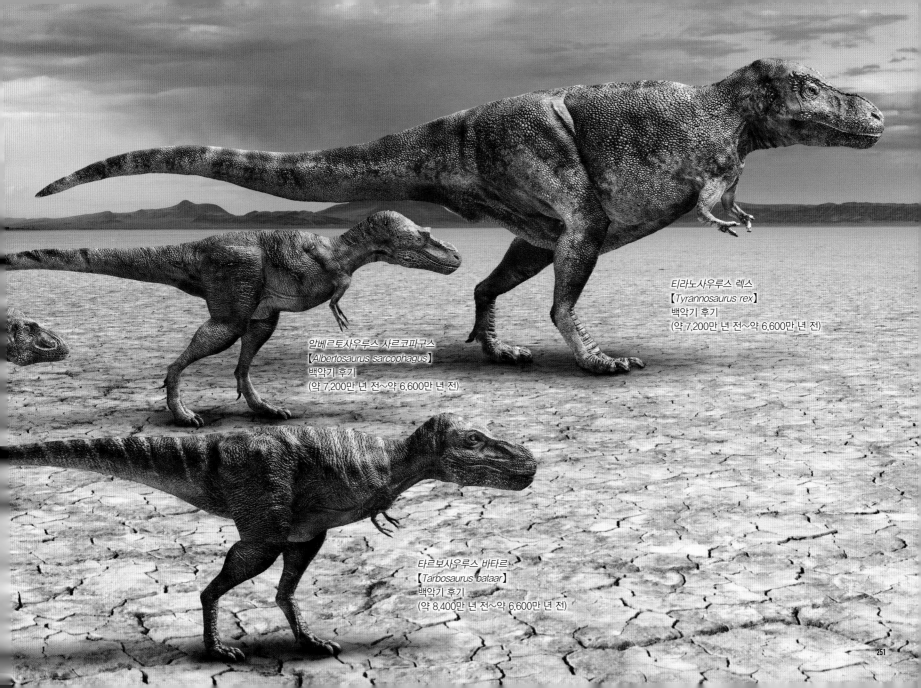

티라노사우루스 렉스
【Tyrannosaurus rex】
백악기 후기
(약 7,200만 년 전~약 6,600만 년 전)

알베르토사우루스 사르코파구스
【Albertosaurus sarcophagus】
백악기 후기
(약 7,200만 년 전~약 6,600만 년 전)

타르보사우루스 바타르
【Tarbosaurus bataar】
백악기 후기
(약 8,400만 년 전~약 6,600만 년 전)

251

더 자세히 알고 싶은 독자를 위한 참고자료

이 책을 쓰면서 참고한 주요 문헌은 아래와 같다. 웹사이트는 전문 연구 기관 혹은 연구자, 이에 해당하는 조직, 개인이 운영하고 있는 것을 참고했다. 웹사이트 정보는 어디까지나 책 출간 시점의 참고 정보라는 점에 주의하기 바란다.

이 책에 나오는 연대 값은 International Commission on Stratigraphy, 2018/08, INTERNATIONAL STRATIGRAPHIC CHART를 사용했다.

일반서적

《해양생명 5억년사》, 츠치야 켄 지음, 다나카 겐고 감수, 2018년, 기주츠효론샤.
《트라이아스기의 생물》, 츠치야 켄 지음, 군마현립자연사박물관 감수, 2015년, 기주츠효론샤.
《쥐라기의 생물》, 츠치야 켄 지음, 군마현립자연사박물관 감수, 2015년, 기주츠효론샤.
《NEO 물의 생물》, 하쿠야마 요시히사, 2005년, 쇼가쿠칸.
《생명사도감》, 츠치야 켄 지음, 군마현립자연사박물관 감수, 2017년, 기주츠효론샤.
《티라노사우루스는 대단해》, 츠치야 켄 지음, 고바야시 요시츠구 감수, 2015년, 기주츠효론샤.
《백악기의 생물 (상권)》, 츠치야 켄 지음, 군마현립자연사박물관 감수, 2015년, 기주츠효론샤.
《백악기의 생물 (하권)》, 츠치야 켄 지음, 군마현립자연사박물관 감수, 2015년, 기주츠효론샤.
《악어와 공룡의 공존》, 고바야시 요시츠구, 2013년, 홋카이도대학출판부.
《Triassic Life on Land》, Hans-Dieter Sues, Nicholas C. Fraser, 2010, Columbia University Press.

특별전 도록

〈공룡·2009 사막의 궤적〉, 2009년, 마쿠하리 메세.
〈지구에 최초로 등장한 공룡들〉, 2010년, NHK.

웹사이트

Get to Know a Dino: Velociraptor. AMNH,
https://www.amnh.org/explore/news-blogs/on-exhibit-posts/get-to-know-a-dino-velociraptor
　　　The oldest turtle in the world discovered in Germany, Naturkunde Museum Stuttgart,
https://www.naturkundemuseum-bw.de/aktuell/nachricht/aelteste-schildkroete-der-welt-deutschland-
　　　entdeckt
　　　Yale's legacy in 'Jurassic World', YaleNews,
https://news.yale.edu/2015/06/18/yale-s-legacy-jurassic-world

학술논문

Adolf Seilacher, Rolf B. Hauff, 2004, Constructional Morphology of Pelagic Crinoids. PALAIOS, 19(1), p3-16

Cajus G. Diedrich, 2013, Review of the Middle Triassic "Sea Cow" PLACODUS GIGAS (Reptilia) in Pangea's shallow marine macroalgae meadows of Europe, The Triassic System, New Mexico Museum of Natural History and Science, Bulletin 61., p104-131.

Chun Li, Nicholas C. Fraser, Olivier Rieppel and Xiao-Chun Wu, 2018, A Triassic stem turtle with an edentulous beak, Nature, vol.560, p476-479.

Donald M. Henderson, 2018, A buoyancy, balance and stability challenge to the hypothesis of a semi-aquatic Spinosaurus Stromer, 1915 (Dinosauria: Theropoda). peerj, 6:e5409; DOI 10.7717/peerj.5409.

Emanuel Tschopp, Octávio Mateus, Roger B.J. Benson, 2015, A specimen-level phylogenetic analysis and taxonomic revision of Diplodocidae (Dinosauria, Sauropoda), PeerJ, 3:e857; DOI 10.7717/peerj.857.

Espen M. Knutsen, Patric S. Druckenmiller, Jørn Harald Hurum, 2012, A new species of Pliosaurus (Sauropterygia: Plesiosauria) from the Middle Volgian of central Spitsbergen, Norway, Norwegian Journal of Geology, vol.92, p235-258.

Fernando E Novas, 1994, New Information on the Systematics and Postcranial Skeleton of Herrerasaurus ischigualastensis (Theropoda: Herrerasauridae) from the Ischigualasto Formation (Upper Triassic) of Argentina, Journal of Vertebrate Paleontology, 13:4, 400-423, DOI: 10.1080/02724634.1994.10011523.

Fiann M. Smithwick, Robert Nicholls, Innes C. Cuthill, Jakob Vinther, 2017, Countershading and Stripes in the Theropod Dinosaur Sinosauropteryx Reveal Heterogeneous Habitats in the Early Cretaceous Jehol Biota, Current Biology, vol.27, p1-7.

Joan Watson, Susannah Lydon, 2004, The bennettitalean trunk genera Cycadeoidea and Monanthesia in the Purbeck, Wealden and Lower Greensand of southern England: A reassessment, Cretaceous Research, vol.25 p1-26.

José L. Carballido, Diego Pol, Alejandro Otero, Ignacio A. Cerda, Leonardo Salgado, Alberto C. Garrido, Jahandar Ramezani, Néstor R. Cúneo, Javier M. Krause, 2017, A new giant titanosaur sheds light on body mass evolution among sauropod dinosaurs, Proc. R. Soc. B, 284: 20171219.

Josep Fortuny, Jordi Marcé-Nogué, Lluis Gil, Àngel Galobart, 2012, Skull Mechanics and the Evolutionary Patterns of the Otic Notch Closure in Capitosaurs (Amphibia: Temnospondyli), The Anatomical Record, vol.295, Issue7, p1134-1146.

Jun Liu, Shi-xue Hu, Olivier Rieppel, Da-yong Jiang, Michael J. Benton, Neil P. Kelley, Jonathan C. Aitchison, Chang-yong Zhou, Wen Wen, Jin-yuan Huang, Tao Xie & Tao Lv, 2014, A gigantic nothosaur (Reptilia: Sauropterygia) from the Middle Triassic of SW China and its implication for the Triassic biotic recovery,

Scientific Reports, vol.4, 7142; DOI:10.1038/srep07142.

Long Cheng, Ryosuke Motani, Da-yong Jiang, Chun-bo Yan, Andrea Tintori, Olivier Rieppel, 2019, Early Triassic marine reptile representing the oldest record of unusually small eyes in reptiles indicating non-visual prey detection, Scientific Reports, 9,152.

Paul C. Sereno, Hans C. E. Larsson, Christian A. Sidor, Boubé Gado, 2001, The Giant Crocodyliform Sarcosuchus from the Cretaceous of Africa, Science, vol.294, p1516-1519.

Philip J. Currie, Yoichi Azuma, 2005, New specimens, including a growth series, of Fukuiraptor (Dinosauria, Theropoda) from the Lower Cretaceous Kitadani Quarry of Japan, Journal Paleontology Society Korea, vol.22, No.1, p173-193.

Rainer R. Schoch, 1999, Stuttgart, Comparative Osteology of Mastodonsaurus Giganteus (Jaeger, 1828) from the Middle Triassic (Lettenkeuper: Longobardian) of Germany (Baden-Württemberg, Bayern, Thüringen), Stuttgarter Beitr. Naturk. Ser. B Nr. 278 175pp.

Rainer R. Schoch, Hans-Dieter Sues, 2015, A Middle Triassic stem-turtle and the evolution of the turtle body plan, Nature, vol.523, p584 – 587.

Sanghamitra Ray, 2010, Lystrosaurus (Therapsida, Dicynodontia) from India: Taxonomy, relative growth and Cranial dimorphism, Journal of Systematic Palaeontology, 3:2, p203-221.

Saradee Sengupta, Martín D. Ezcurra, Saswati Bandyopadhyay , 2017, A new horned and long-necked herbivorous stem-archosaur from the Middle Triassic of India, Scientific Reports, vol.7, 8366.

T. Alexander Dececchi, Hans C. E. Larsson, Michael B. Habib, 2016, The wings before the bird: an evaluation of flapping-based locomotory hypotheses in bird antecedents, PeerJ, 4:e2159; DOI 10.7717/peerj.2159.

Tiago R. Simões, Oksana Vernygora, Ilaria Paparella, Paulina Jimenez-Huidobro, Michael W. Caldwell, 2017, Mosasauroid phylogeny under multiple phylogenetic methods provides new insights on the evolution of aquatic adaptations in the group, PlosOne, https://doi.org/10.1371/journal.pone.0176773.

Tomasz Sulej, Grzegorz Niedźwiedzki, 2019, An elephant-sized Late Triassic synapsid with erect limbs, Science, vol.363, Issue6422, p78-80.

Torsten M. Scheyer, 2010, New interpretation of the postcranial skeleton and overall body shape of the placodont Cyamodus hildegardis Peyer, 1931 (reptilia, Sauropterygia), Palaeontologia Electronica vol.13, Issue 2; 15A:15p; https://palaeo-electronica.org/2010_2/232/index.html.

찾아보기

KOSEIBUTSU NO SIZE GA JIKKAN DEKIRU! REAL-SIZE KOSEIBUTSU ZUKAN CHUSEIDAI-HEN
written by Ken Tsuchiya, supervised by Gunma Museum of Natural History

Copyright © 2019 Ken Tsuchiya
All rights reserved.
Original Japanese edition published by Gijutsu-Hyoron Co., Ltd., Tokyo
This Korean language edition published by arrangement with Gijutsu-Hyoron Co., Ltd., Tokyo
in care of Tuttle-Mori Agency, Inc., Tokyo through Imprima Korea Agency, Seoul.

이 책의 한국어판 출판권은 Tuttle-Mori Agency, Inc., Tokyo와 Imprima Korea Agency를 통해
Gijutsu-Hyoron Co., Ltd.와의 독점계약으로 영림카디널에 있습니다.
저작권법에 의해 한국 내에서 보호를 받는 저작물이므로 무단전재와 복제를 금합니다.

실물 크기로 보는
고생물도감 - 중생대 편

2020년 3월 31일 1판 1쇄 발행
2021년 9월 1일 1판 2쇄 발행

지은이 | 츠치야 켄
옮긴이 | 김소연
감수자 | 이융남
펴낸이 | 양승윤

펴낸곳 | (주)영림카디널
서울특별시 강남구 강남대로 354 혜천빌딩
Tel.555-3200 Fax.552-0436
출판등록 1987.12.8. 제16-117호

http://www.ylc21.co.kr

값 30,000원

ISBN 978-89-8401-236-3 (04450)
ISBN 978-89-8401-007-9 (세트)

「이 도서의 국립중앙도서관 출판예정도서목록(CIP)은 서지정보유통지원시스템
홈페이지(http://seoji.nl.go.kr)와 국가자료공동목록시스템(http://www.nl.go.kr/kolisnet)에서
이용하실 수 있습니다.(CIP제어번호: CIP 2020010022)」